核电厂急救

主　编　於少华

副主编　刘秦荣　王　强　江　昊　刘　莉

原子能出版社

图书在版编目(CIP)数据

核电厂急救/於少华主编．—北京:原子能出版社，2009.9

ISBN 978-7-5022-4492-7

Ⅰ．核…　Ⅱ．於…　Ⅲ．核电厂－工伤事故－急救　Ⅳ．TM623.8　R818.710.597

中国版本图书馆 CIP 数据核字(2009)第 162977 号

内容简介

本教材根据中国核工业集团公司的要求而编制，可作为核电厂全体员工及其承包商基本授权培训的学习教材。本教材主要介绍了核电厂的急救体系、心肺复苏术、现场急救程序一些外伤处理原则和急救方法等。本教材可以帮助核电厂员工及其承包商了解在意外情况下如何启动急救程序，了解日常生活和生产中的急救、自救知识，并尽可能地帮助他们运用这些知识，避免一些不必要的事情发生。

核电厂急救

总 编 辑　杨树录
责任编辑　王　丹
责任校对　徐淑惠
责任印制　丁怀兰　潘玉玲
印　　刷　保定市中画美凯印刷有限公司
出版发行　原子能出版社(北京市海淀区阜成路 43 号　100048)
经　　销　全国新华书店
开　　本　787 mm×1092 mm　1/16
印　　张　5.5　　**字　数**　137 千字
版　　次　2009 年 12 月第 1 版　2009 年 12 月第 1 次印刷
书　　号　ISBN 978-7-5022-4492-7　　**定　价**　**30.00 元**

网址:http://www.aep.com.cn　　**E-mail:atomep123@126.com**
发行电话:68452845

中国核工业集团公司
核电培训教材编审委员会

《核电厂急救》
编辑部

主　　编　於少华

副主编　刘秦荣　王　强　江　昊　刘　莉

编　　者　（按姓氏拼音顺序排列）

程开喜　杜晓阳　胡文起　江　昊　李　恒
李东升　历桂荣　刘　莉　刘秦荣　王　强
王孔钊　温晋爱　吴有运　叶松涛　於少华
周红英

总　序

核工业作为国家高科技战略性产业，是国家安全的重要基石、重要的清洁能源供应，以及综合国力和大国地位的重要标志。

1978年以来，我国核工业第二次创业。中国核工业集团公司走出了一条以我为主发展民族核电的成功道路。在长期的核电设计、建造、运行和管理过程中，积累了丰富的实践和理论经验，在与国际同行合作过程中，实现了技术和管理与国际先进水平相接轨，取得了骄人的业绩。

中国核工业集团公司在三十多年的核电建设中，经历了起步、小批量建设、快速发展三个阶段。我国先后建成了秦山、大亚湾、田湾三大核电基地，实现了我国大陆核电"零"的突破、国产化的重大跨越、核电管理与国际接轨，走出了一条以我为主，发展民族核电的成功之路。在最近几年中，发展尤为迅猛。截至2008年底，核电运行机组11台，装机容量907.82万千瓦，全部稳定运行，态势良好。

进入新世纪，党中央、国务院和中央军委对核工业发展高度重视、极为关怀，对核工业做出了新的战略决策。胡锦涛总书记指出："无论从促进经济社会发展看，还是从保障国家安全看，我们都必须切实把我国核事业发展好"。发展核电是优化能源结构、保障能源安全、满足经济社会发展需求的重要途径。2007年10月，国务院正式颁布了《核电中长期发展规划(2005—2020年)》。核电进入了快速、规模化、跨越式发展的新阶段。

在中国核电大发展之际，中国核工业集团公司继续以"核安全是核工业的生命线"的核安全文化理念和"透明、坦诚和开放"的企业管理心态，以推动核电又好又快又安全发展为己任，为加速培养核电发展所需的各类人才，组织核电领域专家，全面系统地对核电设计、工程建造、电站调试、生产准备和生产运营等各阶段的知识进行了梳理，构造了有逻辑性、系统性的核电知识体系，形成了覆盖核电各阶段的核电工程培训系列教材。

这套教材作为培养核电人才的重要工具，是国内目前第一套专业化、体系化、公开出版的核电人才培养系列教材，有助于开展培训工作，提高培训质量、节约培训成本，夯实核电发展基础。它集中了全集团的优势，突出高起点、实用性强，是集团化、专业化运作的又一次实践，是中国核工业50余年知识管理的积淀，是中国核工业10万人多年总结和实践经验的结晶。

21世纪是“以人为本”的知识经济时代，拥有足够的优秀人才是企业持续发展的重要基础。中国核工业集团公司愿以这套教材为核电发展开路，为业界理论探讨、实践交流提供参考。

我们要继续以科学发展观为指导，认真贯彻落实党中央、国务院的指示精神，积极推进核电产业发展。特别是要把总结核电建设经验作为一项长期的工作来抓，不断更新和完善人才教育培训体系。

核电培训系列教材可广泛用于核电厂人员培训，也可用于核电管理者的学习工具书，对于有针对性地解决核电厂生产实践和管理问题具有重要的参考价值。

中国核工业集团公司总经理 孙勤

2009年9月9日

前　言

为确保核电厂安全、可靠和经济地运行，中国核工业集团公司下属各运行核电厂已制定和执行员工培训（包含继续培训）大纲，使员工接受适当的培训、获得（或继续）授权和获得（或保持）上岗工作资格，这不仅是为了满足核安全法规、国家和行业标准的基本要求，也是营运单位自身生存和发展的需要。

授权是核电厂经理或厂长对其下属具有合格的资格胜任某一工作的员工签发一种书面证书，允许履行其岗位职责的过程。基本安全授权培训是指对在核电厂工作的每一名员工，包括厂内和厂外的，在其进入厂区之前，对其所进行的安全、组织过程和质量等方面的知识和意识方面的培训，并进行考核以确保其已经具有基本安全和质量知识和意识，基本安全授权是员工入厂工作所应具备的最基本授权。

中国核工业集团公司组织编写基本安全授权培训系列教材的目的是为了总结下属各运行核电厂基本安全授权培训经验和加强相互之间的沟通交流；提高基本安全授权培训效果，为各核电厂开展基本安全授权培训提供参考。

基本安全授权培训系列由以下教材组成：

《核电厂安全文化》、《核电厂质量保证》、《核电厂应急准备与响应》、《核电厂急救》、《核电厂辐射防护》、《核电厂工业安全》、《核电厂消防》、《核电厂保卫》、《核电厂工作过程管理》、《核电厂场地管理》、《核电厂环境保护》。

教材的内容以近年来各运行核电厂的基本安全授权培训教材为基础，补充一些国内外核电厂的良好实践经验及新发布的核安全法规和导则的相关要求。

本篇教材为《核电厂急救》。

近年来，随着急救医学的发展，人们愈来愈认识到，伤者和突发疾病者必须得到正确的紧急医疗处理，急救指导和训练必须紧跟现代医学思想的变化步伐。

目前现场急救已经从过去单纯的现场抢救转变为院前急救。院前急救包括现场急救和转运途中的救护，它是整个急救中最早期、最重要的一个环节，直接关系到院内急救的成败。核电厂大多远离市区的综合性医院，如果依靠这些综合性医院完成院前急救，显然不够现实，这就要求核电厂本身必须具备一定的院前急救能力。

本教材主要讲解了核电厂的急救体系、现场急救程序、心肺复苏术、创伤救护的四大技术（止血、包扎、固定、搬运）、突发重症外伤的现场急救、人体表面放射性污染的去污等方面的知识。其目的是培训核电厂的员工掌握一定的急救和自救知识，能在专业人员到达之前，有效地开展自救互救，尽最大可能将损失降到最低。

本教材的培训对象是核电厂所有工作人员，包括参加一级培训和二级培训的人员，本教材针对不同人员的培训要求在教材中列出不同的培训目标和内容，同时提出各核电厂在使用本教材时，宜结合本厂的实际作适当调整和补充。

本教材由秦山核电有限公司於少华主持编辑，核动力运行研究所刘莉在秦山核电有限公司的《现场急救培训教材》、核电秦山联营有限公司的《秦山第二核电厂急救（Ⅰ、Ⅱ）培训教材》、江苏核电有限公司的《现场急救培训教材》和《现场急救复训培训教材》的基础上进行组稿编辑，秦山核电有限公司於少华、杜晓阳、李东升；核电秦山联营有限公司李恒、叶松涛、刘秦荣、历桂荣；秦山第三核电有限公司王孔钊、王强、胡文起；江苏核电有限公司程开喜、温晋爱、江昊；核动力运行研究所周红英、吴有运等专家对初稿进行了认真的审阅和修改，原子能出版社的有关同志对本教材也作了仔细的审读。秦山核电有限公司、核电秦山联营有限公司、秦山第三核电有限公司、江苏核电有限公司、核动力运行研究所等单位给予了大力支持，在此向他们致以衷心感谢！

《核电厂急救》教材适用于中国核工业集团公司所属各运行核电厂员工的基本安全授权培训，也可作为在建核电厂员工培训的参考教材。

在教材的编制过程中，虽经反复推敲核证，仍难免有不妥甚至错谬之处，诚望广大读者提出宝贵意见，以便再版时加以修正。

於少华

2009 年 6 月

目　　录

第一章　急救原则及急救体系

第二章　心肺复苏术

第三章　现场外伤急救(二级)

第四章　现场常见损伤及处理

第五章 常见灾害的现场急救(二级)

第六章 放射性人体体表污染去污

第七章　放射损伤的早期药物防治(二级)

第一章 急救原则及急救体系

1.1 概 述

现场急救就是在救护车、医务人员或其他专业人员到达之前，给受伤者或疾病突发者施行及时的帮助和治疗。急救人员必须冷静，充满信心。同时，最为重要的是：无论何时何地，只要有需要，都应施以援手、进行救助。对伤者来说，他的生命也许就取决于能否在事故发生后几分钟内得到合理的急救处理。除了挽救生命外，这或许也能避免更严重的后遗症。

1.1.1 现代急救医学

人类在享受现代文明的同时，也笼罩着灾难事故的阴影。意外灾害在近 20 年有进一步扩大的趋势。新中国成立 60 年以来，我国唐山、云南、张家口、汶川等地发生过地震，火车脱轨相撞、飞机失事、轮船落水、大桥断裂、油库失火、森林大火等事故也此起彼伏，造成了大量的人员伤亡及财产损失。人类渴求社会安定，向往健康长寿，当代急救医学的专家已经把重点转向了对灾难医学的研究，这种变化，预示着在急救机构的组织运作方式、人员技术和装备上，必须有较大的相应变化。

急救医学在 20 世纪 60 年代以前没有一个完整体系，而现代急救医学的形成是一重大变革，其特点如下。

(1) 专业急救机构已由医疗卫生部门扩展到多功能的救护机构，相互渗透，具备了在现场开展及时有效的脱险救治，并具备医学监护下运送病人的能力。

(2) 专业急救机构由城市、地区单一的若干个组织逐步联合协作，形成了城市、地区的专业急救医疗服务系统，社会“大救援”观念正在形成。

(3) 为国际救援机构和建立创造了条件，因而出现了跨洲越洋距离的急救运输。急救社会化，结构网络化，抢救现场化，知识普及化必将成为 21 世纪急救、灾难医学发展的趋势。

(4) 社会已较全面充分地评估了现代急救医学与人类生活、生产的关系，从而给予有力的支持，在传统的红十字会员救治活动中，出现了方兴未艾的救援活动的“志愿者”。

(5) 此消彼长的灾害事故，使灾害救援医学充实了急救医学的内容，并形成其院外救援医学的特色。

(6) 急救医学的学术内容，主要由院外急救包括灾害医学及医学监护运输、院内急诊、院内危重症监护医学等学科融合形成，由于院内急诊、危重病监护有其自己独立和已形成较规范的学科体系，尤其有着与院外环境不同的工作条件，因此急救医学的院外部分是现代急救医学的主体部分。

目前在全球范围内存在着多种急救医护模式，其中主要有两种模式，即：英美模式和法德模式。英美模式：主要急救方式是“把病人送到医院”，其观点是病人被送到以医院为基础的急诊科，从而得到更好的医护。参与抢救的都是医务人员，急诊医生、护士及麻醉师等。法德模式：主要急救方式是“把医院带到病人家中”，技术人员或护理人员到某一个有关地点对患者实施急诊治疗。医生大多是麻醉师,他们所采取的急救手段多为救生和止痛。医生没有受过很好的培训和监管,因此没有那样的质量保证。我国核电厂目前多采用英美急救医护模式。

创伤死亡分为三个高峰:第一高峰:损伤后几秒到几分钟,常见于脑、脑干、高位脊椎损伤、心脏外伤、主动脉或其他大血管断裂,很少存活。第二高峰:伤后几分钟到几小时之内,这是医院内急救的主要对象。常见的外伤有硬膜下和硬膜外血肿、血气胸、脾破裂、骨盆骨折或其他严重出血的多发伤。第一小时主要是快速评估伤情和心肺复苏。为了把握第一小时的治疗,许多研究者强调时间的重要性,称伤后第一小时为黄金时刻。第三高峰:伤后几天到几周,最常见于感染和多器官功能衰竭,因此,大部分这类病人在ICU(Intensive Care Unit)进行监护治疗。

1.1.2 急救人员的职责和技能要求

急救人员的主要职责如下。

(1) 对受害者的处理

急救人员应清楚工作场所内所有隐藏的危险(如危险物质、危害性物品、危险机械设备等)及应对这些危险的急救措施。

在处理伤病者时,急救人员应采取以下步骤。

1) 全面估量事故形势,不要伤及自己。

2) 找出伤病者受伤部位。

3) 马上采取急救措施,切记伤病者可能多处受伤,而有些严重伤者在相比之下可能需要更紧急的关注。

4) 根据伤员的受伤程度,迅速作出安排,将伤者送往诊所、医院或送回家中。

5) 向主治医生提供事故有关情况和施给伤者的治疗。在确保伤者得到医生、护士或其他相关人员的照料后,急救人员的任务才算完成。

(2) 处理记录的保存

急救人员必须记下他所做的应急处理,并将记录存放在指定位置。

(3) 急救设施的维护

急救人员负责急救箱的维护工作,应保证急救箱中只存放急救设施,并定期检查急救箱,确保箱内物品得到及时补充。

核电厂普通救护员应熟悉核电厂急救系统和急救程序,能独立完成心肺复苏术和电击除颤,能正确地为伤员进行止血、包扎、固定、搬运,能快速消除触电、溺水等伤员的致伤因素。如果救护员本身也是一名工作负责人的话,要求他能根据生命体征(体温、脉搏、呼吸、血压)和受伤原因初步判断行员的伤势、伤情,具有各种灾害下特别是火灾时逃生的技能。对交通意外伤、高空坠落伤有一定的认识,对头、胸、腹的外伤有较强的急救知识,具有良好的辐射防护知识,能自行进行体表去污,能对伤员进行一定的心理支持等。

1.2 核电厂现场急救

核电厂按系统设备或厂房划分为许多区域,这些区域都有特定的代号编码。作业人员往往用代号编码来描述自己目前的位置。因此区内一旦发生人员伤亡,外来医护人员很难找到事故地点,只有主控制室和熟悉现场的运行维护人员才知道事故区域。另外现场急救从消除伤员致伤因素,搬抬伤员脱离危险区域,到对伤员实施现场紧急救护,安全转送伤员等,这一系列的急救过程,绝非医务人员能够单独完成的,必须有相应的人力物力支持。因此各核电厂都制定了相应的急救程序,以便在事故情况下能快速响应。一般核电厂的现场急救响应见图 1-2-1。

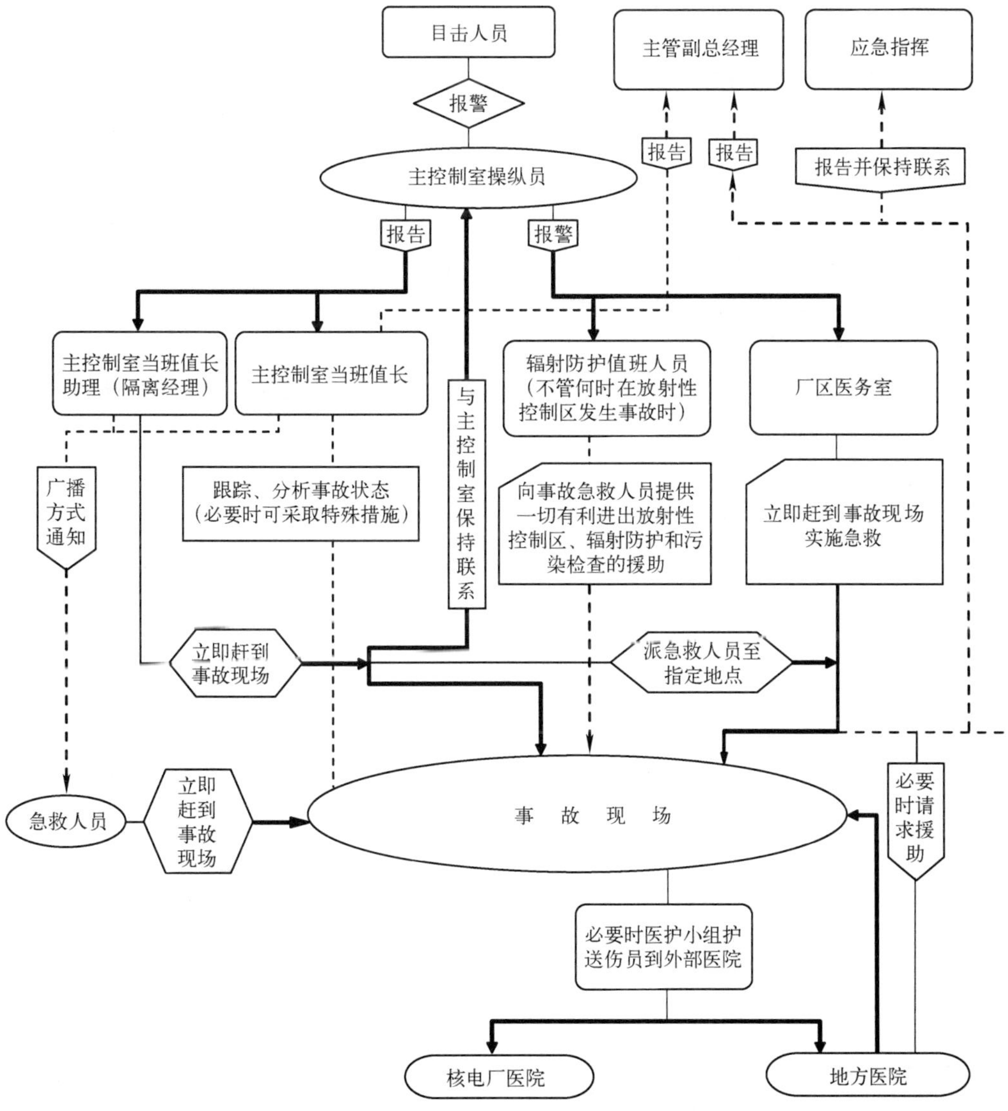

图 1-2-1　核电厂现场急救响应图

1.2.1　急救启动

伤员或目击者也是急救行动的启动者,受伤或者发现伤员后,应该立即向主控制室呼救报告,同时开始自救。及时向主控制室报告有利于迅速确定事故现场,快速建立急救支持力量,保证系统设备的运行状态和安全。

报告人应准确的报告事故地点(机组、系统、房间及代号编码)和联系方法(如就近的电话号码、手机号码等),尽可能准确报告受伤人数、受伤原因(如坠落、触电、窒息、烧伤等)、受伤部位(如头部、胸部等)、目前伤情(如呼吸心跳停止、昏迷、大出血、不能站立等)以及事故现场环境和自救互救的需求。

报告人必须沉着冷静,在对方记录清楚后方能完成报告。一旦完成呼救报告就应该根据现场急救原则和掌握的急救技术开始自救互救。

1.2.2 事故现场的急救步骤

事故现场的急救步骤如下:

(1) 判断情况

在现场救助伤者,首要的问题是评估现场是否有潜在的危险以及可使用的工具、用品和必须的帮助。如有危险,应尽可能解除。例如,在交通事故现场设置路障,在火灾现场需防止房倒砸伤。还要注意到意外事故的成因,防止继发意外发生。

(2) 确保安全

救援人员都需要进行适当的防护。特别是把患者从严重污染的场所救出时,救援人员必须加以预防,避免成为新的受害者。

(3) 提供急救

1) 应将受伤人员小心地从危险的环境转移到安全的地点。

2) 应至少 2~3 人为一组集体行动,以便互相监护照应,所用救援器材必须是防爆的。

3) 急救处理程序化,可采取如下步骤:除去伤病员污染衣物—冲洗—共性处理—个性处理—转送医院。

4) 处理污染物。要注意对伤员污染衣物的处理,防止发生继发性损害。

(4) 求助

可以让其他人协助你进行急救。

1.2.3 识别垂危伤病人

识别垂危伤病人,尤其在发生群体伤害时更为重要,以使垂危者在现场立即得到有效救护,随之迅速得到专业急救人员的救治。

危重急症千差万别,有的能"一目了然",有的则不易观测,故应从以下几个主要方面识别。

(1) 总体情况

要对伤病者总体地查看,如有无活动性外伤大出血,以及其他显见的严重损伤。如病人的脸色青紫苍白,皮肤冰凉,冷汗淋漓等,均说明病情严重。

(2) 神志

神志清醒与否,都能说明病人严重情况。神志已昏迷者,则为严重。当然,神志清醒者,也能迅速陷入昏迷,如某些休克病人,严重的外伤引起内脏破裂出血。

判明神志清醒与否,通常做法是大声呼叫,轻摇病人身体,观察是否有反应。

神志尚清醒者，在呼唤、轻摇时会睁眼，有其他应答反应；如无反应，则表明神志丧失，已陷入垂危状态。

(3) 瞳孔反应

瞳孔即俗称的瞳仁，位于黑眼球中央。正常时，双眼瞳孔等大等圆，遇到强光能迅速缩小。

当救护人用手电筒照射其瞳孔，则瞳孔会迅速缩小，光线除去，很快又恢复原状。在病人脑部受伤、脑出血、严重药物中毒时，瞳孔可能缩小到针尖大小，也可能散大到黑眼球边缘。对光线不起反应或反应迟钝。当病人的瞳孔逐渐散大，固定不动，对光反射消失，表明病人已陷入“临床死亡状态”，很快进入“生物学死亡”即真正死亡。

(4) 呼吸

呼吸是人生命存在的征象。正常人每分钟呼吸 16～18 次[①]。危重病人呼吸明显变快、变浅乃至不规则，表明呼吸功能发生严重障碍。

检查呼吸运动，通常观测病人胸部起伏情况，以得知有无呼吸及测定次数。但当病人已处十分衰竭、危重，呼吸运动很微弱时，则胸部起伏不易觉察，此时可用一叶薄片(纸片)纤维(棉花)放在病人鼻孔前，观察是否随呼吸飘动，以判定呼吸是否存在及规律等情况。呼吸停止，表明病人已陷入死亡。

(5) 心跳

心跳是生命存在的征象。正常人心跳每分钟 60～100 次。

当发生严重的创伤、大出血，危及生命时；或严重的心脏急症、急性中毒、窒息时，心跳也发生明显的变化，过快、过慢，不规则。当心跳每分钟超过 100 多次，或慢至 50 次以下，或节律不齐，都是心脏呼救的信号。

心跳与呼吸息息相关。呼吸停止，心跳随之也很快停止；同样，心跳停止，呼吸也很快停止。

检查心跳的方法，通常用间接摸脉搏，最常摸的部位是颈部一侧的颈动脉，其原因为颈动脉较粗，颈部易暴露(图 1-2-2)。

图 1-2-2　触摸颈动脉以判断有无心跳

1.2.4　应急电话的拨打

与现场急救有关的主要急救电话如下。

医疗急救：120

火警电话：119

匪警电话：110

交通事故：122

所有公用电话都可以免费拨打应急电话，磁卡、IC 卡电话都无需插卡。

拨打应急电话的注意事项如下。

(1) 无论何时，只要有伤病者，就应要求救护车。值班员会通知有关部门。

(2) 先想一想，再打电话，清晰简洁地说明情况。

1) 自报姓名及自己的电话号码。

---

① 高等医药院校教材《诊断学》，人民卫生出版社。

2）事故的确切地点。尽可能指出道路名称、门牌号码或近处的交叉路口及其他的醒目标志。

3）事故的性质和严重程度。

4）伤病者的人数、性别、大致年龄以及症状、伤情、严重程度等。

5）清楚地说明危险事物及隐患，如煤气、危险品、电线破损，还要说明相关的天气情况，如雾、雨、冰雪等。

6）不要惊慌失措，不要先挂断电话，直到值班员挂线为止。

7）如果你让别人打电话，应确保其了解事故的严重性，并要他向你报告打电话的详情。

(3) 打完电话后，如果需要，安排人到明显的地方迎接救护车，并为救护车指路。

复习思考题

(1) 简述现场急救原则。

(2) 如何识别垂危病人?

(3) 全国统一的医疗急救电话号码有哪些?

(4) 拨打应急电话的注意事项包括哪些内容?

第二章　心肺复苏术

"心肺复苏术"(Cardio Pulmonary Resuscitation),简称 CPR,是针对呼吸心跳停止所采取的抢救措施,以人工呼吸代替伤员的自主呼吸,以胸外按压形成暂时的人工心跳,是阻止伤员从"临床死亡"到"生物学死亡"的有效手段,是现场挽救伤员生命最为有效的方法,对核电厂的现场急救有着十分重要的意义。

2.1　心脏骤停

2.1.1　心脏骤停的概念

心脏骤停是指由于种种原因使平时身体健康或看似健康的人的心脏突然停止了跳动,丧失了有效的泵血功能。此刻患者的血液循环立即停止,全身各个脏器的血液供应完全中断,同时,患者立刻失去知觉,处于临床死亡阶段。此时患者必须在 4 min 内得到在场人员的正确抢救,否则患者会进入生物学死亡阶段,生还希望渺茫,其结果就是我们经常听到的可怕的"猝死"。据资料统计,心跳骤停后的 3～4 min 内心室纤维性颤动约占 90%,室颤是心跳骤停最主要的表现形式和病人死亡的一个主要原因,室颤大都持续 2～3 min,此外心肌的应激性增高,如果在 4 min 内施行心肺复苏术,患者存活的机会为 50%,我们将 4 min 定为心肺复苏的"黄金时间",4～6 min 内施行心肺复苏术,患者存活的机会为 10%,6 min 开始施行心肺复苏术,患者存活的机会为 4%,10 min 后抢救,患者存活机会就不大了,因此,掌握初期心肺复苏术(现场徒手心肺复苏术),对抢救伤员有着十分重大的意义。

2.1.2　心脏骤停患者发病时的主要表现

呼吸心跳停止的伤员,不仅表现出呼吸、循环功能的丧失,还可以出现神经系统的某些表现。了解这些异常表现并能给予正确判断是进行现场心肺复苏的前提。(见表 2-1-1)

表 2-1-1　常温下心跳停止的时间和表现

心跳停止时间(s)	表　现
3	头晕
10～20	昏厥
30～40	抽搐,瞳孔散大
60	呼吸停止,大小便失禁
240～360	脑细胞开始发生坏死
>600	脑细胞坏死

心脏骤停的主要发病特点是发病突然。在没有任何准备的情况下,进行心跳停止的判断如下。

(1) 神志突然丧失,也称意识突然丧失。

(2) 大动脉搏动消失,触摸不到颈动脉或股动脉搏动。

(3) 呼吸约在数十秒内停止,看不到胸部或腹部的呼吸运动。

(4) 短暂的四肢抽动,抽动大约持续数秒钟。

(5) 口唇及全身皮肤青紫或苍白。

(6) 瞳孔散大。

(7) 大小便失禁(见于多数患者)。

(8) 心音消失,血压为零。

以上 8 条中最要紧的是(1)、(2)条,如果这两条同时存在,就能肯定患者已经发生心脏骤停,这时不必再做其他检查,应立即对患者实施抢救。

注意:在事故现场我们主要依靠伤员的意识状态和大血管搏动来判断伤员是否呼吸心跳停止。千万不可因“认真”听有无心音,“细致检查”有无呼吸运动等来判断伤员是否心跳呼吸停止,从而延误了对伤员的心肺复苏。

2.2 心肺复苏术操作步骤

心肺复苏是指用人工的方法对患者持续实施胸外心脏按压和口对口吹气人工呼吸。也就是说,用挤压胸壁的方法迫使心脏被动地向全身泵血,用口对口吹气的方法向患者肺部输送氧气。两者结合,代替了患者心脏和呼吸系统的工作,使患者的全身重要脏器尤其是大脑保持含氧的血液供应,避免了因缺氧而发生的脏器坏死。

2.2.1 心肺复苏的 ABC 三步骤

心肺复苏就是针对上述伤员的病理状态,通过以下 3 个关键步骤使伤员恢复前述的生理状态。

(1) A(Airway)开放气道:通过拉开下颌肌群及舌肌,使气管开放,呼吸道通畅,有利于气流流动。

(2) B(Breathing)维持呼吸:如果伤病者停止呼吸,应对其进行人工呼吸。将你呼出的气用力吹入伤病者的肺中,以便为其血液提供氧。

(3) C(Circulation)维持血液循环:通过“胸泵”机制和心泵的作用,使动脉收缩压达到 13.3 kPa(100 mmHg),满足皮肤、脑组织的供血。但是,胸外按压由于产生的动脉舒张压过低,不能满足心肌的供血需要,因此只有尽快地恢复自主呼吸和自主心跳才能满足心肌的供血。

2.2.2 心肺复苏的具体操作步骤

(1) 判断意识

要判断倒地的伤病者有无知觉,在耳边跟他说话或小心摇晃他的肩膀,如“喂! 喂!”“你怎么了?”,或发出“睁开眼睛”之类的指令。

永远都要假设伤病者头、颈部受伤,因此,处理头部时要特别小心,摇动其双肩的动作要十分轻柔。快速判断伤员有无呼吸心跳是心肺复苏的常用方法。

“轻拍”、“轻摇”、“大声叫”指的是:

1) 轻拍——轻轻拍击伤员的肩背部。

2) 轻摇——轻轻摇动伤员的身体。

3）大声叫——大声呼叫伤员的姓名或大声呼喊伤员。

此外还可以用力按压伤员的“人中”和“合谷”等某些敏感的穴位。通过上述方法，伤员仍无反应，可以认定伤员意识丧失。要注意可疑有头颈部受伤的伤员不可摇动其头部，也不要按压有伤口处的穴位。

施救者无需识别部分或完全气道梗阻以及气体交换情况。只需要根据呼吸困难、发绀、无法说话等表现识别严重气道梗阻，并发问“你窒息了吗?”，如得到肯定回答，则立即施救。

（2）呼救报告

如果有一位助手在场，让他去叫救护车。

如果只有你一个人，而且是急救受伤或溺水者，应用 1 min 的时间进行复苏，再去叫救护车。

如果是急救其他成年伤病者，应先叫救护车，然后再进行复苏急救。

（3）放好体位

心肺复苏时的正确体位是平卧位。摆正体位包括两个内容，一是要求将伤员放置在平坦的地面或是没有弹性的床上，地面不得有金属屑、铁钉等坚硬异物，或者在伤员背后垫上木板。需要为伤员除颤时，还应避免伤员肢体通过金属物体与外相连；二是要松开伤员的衣扣、领带、裤带、紧身衣等，以免影响呼吸通畅，当伤员有义齿时，应设法去除。

翻身的方法：抢救者首先跪在患者一侧的肩、颈部，将其两上肢向头部方向伸直，然后将离抢救者远端的小腿放在近端的小腿上，两腿交叉，再用一只手托住患者的后头、颈部，另一只手托住患者远端的腋下，使头、颈、肩和躯干呈一整体同时翻转成仰卧位（以防将其身体扭曲）。最后将其两臂还原放回身体两侧（见图 2-2-1）。

图 2-2-1　翻身的方法

（4）开放气道

无知觉的伤病者的气道可能变窄或受阻，会使其呼吸困难和发出声响，甚至完全不能呼吸。

其主要原因在于喉中肌肉的控制能力丧失，造成舌头后缩，气道阻塞。应抬高下颌，使头部后仰，以便抬起舌头，畅通气道，使其能够呼吸（见图 2-2-2 和图 2-2-3）。

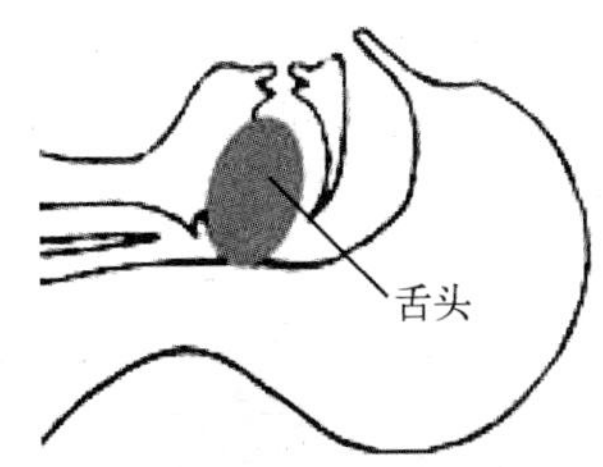

图 2-2-2　阻塞的气道：伤病者失去知觉，肌肉将会松弛，使舌头后缩并堵住喉咙，不能呼气

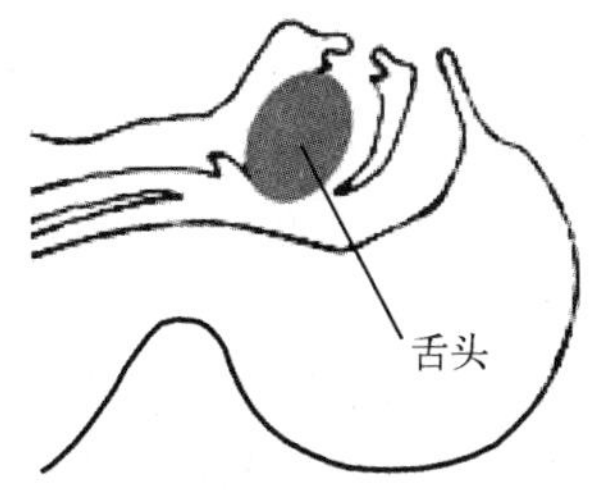

图 2-2-3　畅通的气道：头后仰，下颌上扬，可使舌根部位抬起，气道畅通

开放气道的方法主要有三种：

1）仰头举颏法：抢救者将一手掌小鱼际（小拇指侧）置于患者前额，下压使其头部后仰，另一手的食指和中指置于靠近颏部的下颌骨下方，将颏部向前抬起，帮助头部后仰，气道开

放。必要时拇指可轻牵下唇,使口微微张开(见图 2-2-4)。

2) 仰头抬颈法:病人仰卧,抢救者一手抬起病人颈部,另一手以小鱼际侧下压患者前额,使其头后仰,气道开放(见图 2-2-5)。

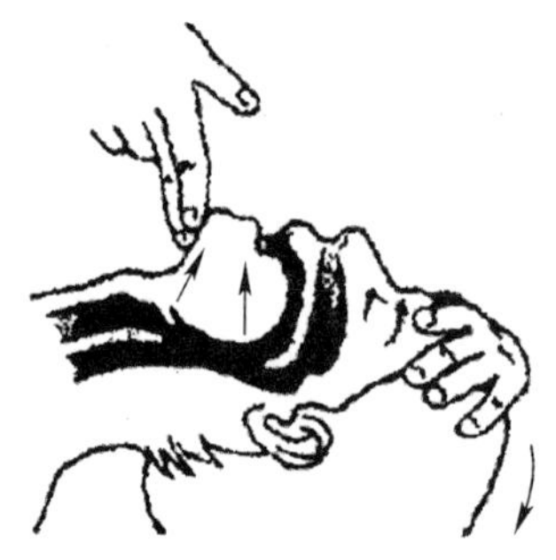

图 2-2-4 开放呼吸道(提颌法)

图 2-2-5 开放呼吸道(托颈法)

3) 双手抬颌法:病人平卧,抢救者用双手从两侧抓紧病人的双下颌并托起,使头后仰,下颌骨前移,即可打开气道。此法适用于颈部有外伤者,以下颌上提为主,不能将病人头部后仰及左右转动。注意,颈部有外伤者只能采用双手抬颌法开放气道。不宜采用仰头举颏法和仰头抬颈法,以避免进一步脊髓损伤。

(5) 判断呼吸

跪在伤病者身边,脸部贴近伤病者嘴边,看、听和感觉他的呼吸(用 10 s 观察伤病者胸部,看其是否起伏,听呼吸的声音,用面部感觉伤病者的呼吸),切不可用听诊器。判断呼吸最常用的方法就是“看”、“听”、“试”,要求 3 个动作同步完成,即“一步三到位”(见图 2-2-6)。

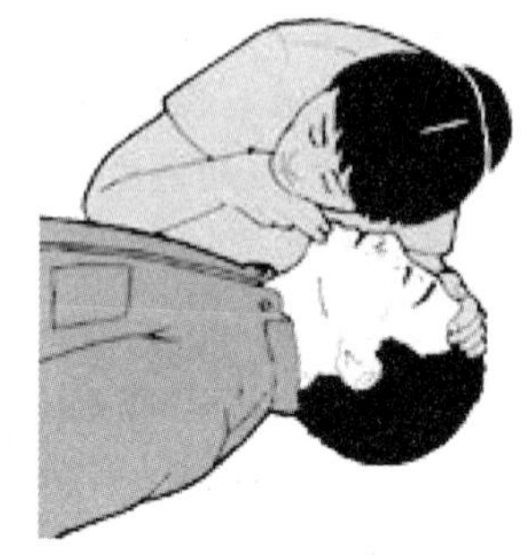

图 2-2-6 判断呼吸

1) 看——抢救者看伤员胸腹部有无呼吸运动。

2) 听——抢救者听伤员的鼻腔和口腔有无呼吸气流声。

3) 试——在听的同时,抢救者用面部感觉伤员有无呼吸气流。

(6) 人工呼吸

当判定伤员呼吸停止,就应立即给予伤员两大口救生呼吸(口对口或口对鼻吹气)。其方法是抢救者深吸一口气后,用自己的嘴包住伤员的嘴,捏住伤员的鼻子,使之不要漏气,用力吹气,气量 800～1 000 mL,时间 1～1.5 s,然后放松病员鼻孔,反复一次。

口对口呼吸可以给伤病者提供氧和通气,为了进行口对口呼吸,开放伤病者气道,捏住患者的鼻孔,形成口对口密封状,每次呼吸超过 1 s,然后进行“正常”吸气(不是深呼吸),再进行第二次呼吸,时间超过 1 s。进行正常的吸气较深吸气能够防止救护者的头晕发生。人工呼吸最常见的困难是开放气道,所以如果伤病者的胸廓在第一次人工呼吸时没发生起伏,应该确认提颌法进行第二次人工呼吸(见图 2-2-7)。

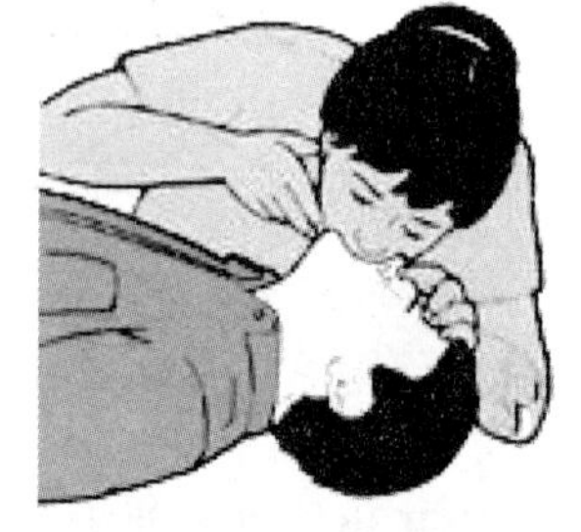

图 2-2-7 口对口人工呼吸

吹气时注意：

1）操作者口唇应与患者口衔接紧密，不要使气体从两边漏出；

2）吹气要自然平和，不要用力过猛，也不要突然用力，否则会使患者肺泡破裂；

3）每次吹气量不要过多，过多的空气容易进入胃内；

4）吹气完毕后放开紧闭的口鼻，让患者肺内气体自然流出，下次吹气时再次闭紧；

5）吹气时如果感到患者气道阻力很大，难以将气体吹出时，应及时调整患者体位，充分开放呼吸道，或检查有无气道阻塞，并及时清除。

两次人工呼吸之后，如果伤病者胸部仍无起伏，应检查：

1）头部后仰的幅度是否足够。

2）鼻孔是否被完全捏紧。

3）救护员的嘴是否完全罩住伤病者的嘴而没有漏气。

4）气道是否被呕吐物、血或异物堵塞。

（7）判断心跳

判断心跳常用“二指法”，即抢救者用食指和中指触摸伤员的颈动脉或股动脉有无搏动。位置有颈动脉在气管外侧、胸锁乳突肌内侧；股动脉在大腿根部中部偏内侧。

如果伤病者恢复呼吸而且有了脉搏，使其以复原卧位躺卧（参见 2.2.4 节复原卧位）。救护者应继续监察其 ABC 三步骤情况，并对其伤、病给予适当的急救护理。

如果伤病者出现脉搏，但仍然没有呼吸，则要继续进行人工呼吸。每呼吸 10 次（每 1 min），即检查 1 次脉搏，持续进行直到救护车到来，或者有其他人代替你，或者你精疲力竭无法再继续为止（见图 2-2-8）。

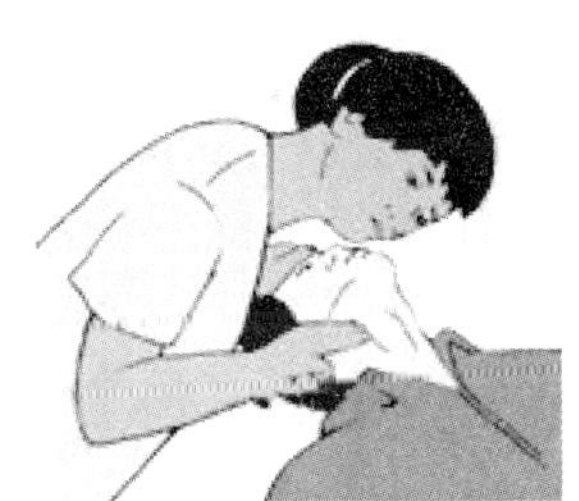

图 2-2-8 检查脉搏

如果没有脉搏或任何血液循环迹象，要立即实施心肺复苏术（CPR）进行急救。同时，应检查并控制严重的大出血。

（8）胸部按压

如果心跳停止，则要进行胸部按压。人站着的时候，人的胸腔像个鸟笼，前面有胸骨，后面有脊柱和肩胛骨，两侧有肋骨，下面有膈肌。这样，形成了一个密闭的腔体，把心脏和肺“软禁”在其中。就是这个密闭的“鸟笼”，为急救者在危急时刻代替患者的心脏进行人工循环提供了有利的客观条件。

人的胸壁富有弹性，很有韧性。当急救者用力按压胸壁时，“鸟笼”被压扁，这时胸腔容积变小，腔内压力增大，把心脏内的血液压出，通过动脉使其流向全身。当急救者将手抬起时，“鸟笼”恢复原状，胸腔容积增大，压力变为负压，可将静脉血吸回到心脏中。就这样，只要有节奏地、不间断地按压—放松—按压—放松，就能使心脏源源不断地将血液泵出（见图 2-2-9）。虽然胸外按压时心脏泵出的血液较心脏自己搏

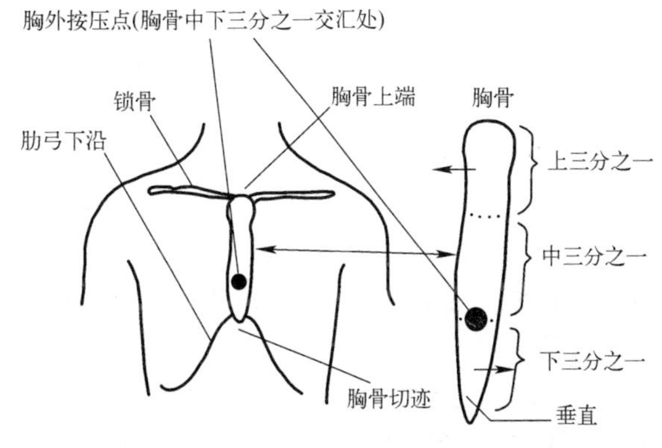

图 2-2-9 胸部按压的位置

动时泵出的血液少，但只要按压正确，就基本上能够满足人体重要脏器供血的最低需要。

胸外按压必须注意以下问题：

1）按压部位（见图 2-2-10 和图 2-2-11）

a. 跪在伤病者旁边，用食指和中指摸伤病者，找到最下面一根肋骨，然后沿肋骨向上摸，找到两排肋骨和中间胸骨的交会点，中指按在这个点上，食指放在胸骨上。

b. 另一只手的掌根放在伤病者的胸骨上，然后向下滑动，直到碰到食指。这个位置就是胸部按压的位置。

c. 将先前手指按于胸骨的那只手抬起，掌根放在另一只手的手背上面，两手手指交叉。

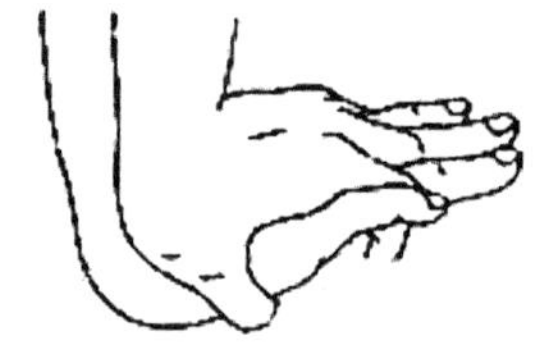

图 2-2-10　按压胸部的位置、姿势

2）按压姿势

侧身对着伤病者，伸直手臂，以髋关节为支点，两手掌根交叉重叠置于按压部位，肘关节伸直，肩关节位于按压部位的上方，掌跟发力。

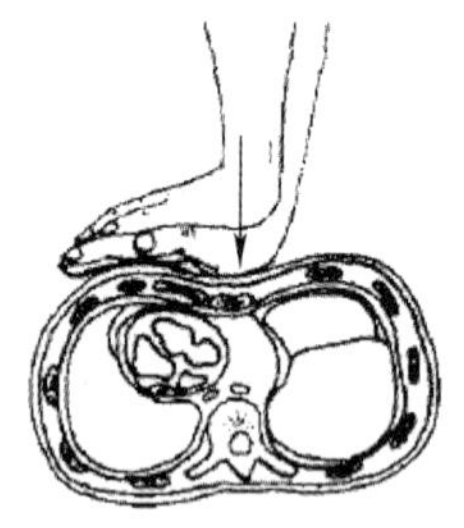

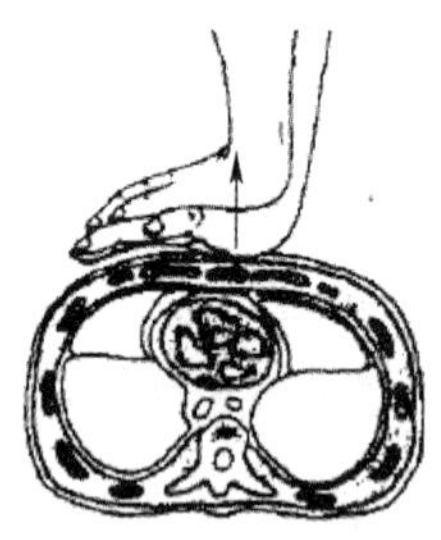

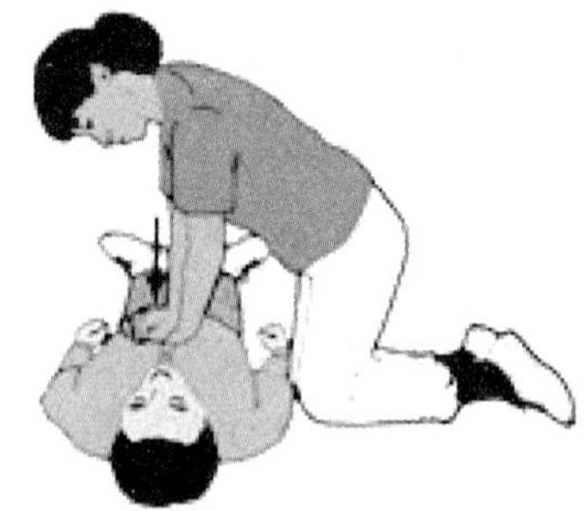

图 2-2-11　按压胸部的位置、姿势

3）按压深度与频率

对于成人，以 100 次/min 的频率按压心脏，侧身对着伤病者，伸直双臂，用身体的力量垂直向下按压伤病者的胸部约 4～5 cm，然后放松，掌根不要离开其胸部。每次按压允许胸壁弹性回缩至正常位置，保持按压和解除按压两阶段时间相等，而且尽量减少按压中断。

注意：

a. 放松时操作者的手掌根部应始终与患者胸壁紧密接触，不能离开。按压要有力度，必须达到使患者胸骨下陷 4～5 cm 的标准，不要像揉面团一样，那样将导致按压无效。

b. 按压时用力要均匀，不可过猛，不可呈冲击式按压，否则可能造成胸骨骨折。高龄患者骨质松脆，按压时尤其要小心。

c. 按压时不要前后左右摇晃，掌根应始终处于胸骨中线上，如果掌根偏离胸骨，就会压在肋骨上，可能会造成肋骨骨折。

d. 按压时上臂垂直，操作者上臂与患者双肩的连线交角应为 90°，否则按压不仅费力、效果差，而且还容易造成肋骨骨折及肝破裂等意外。

4）按压与吹气交替进行，比例为单人 30∶2，双人 15∶1。

单人实施复苏抢救时，人工呼吸和心脏按压之比是 2∶30，即吹两口气，做 30 次胸外心脏按压（见图 2-2-12）。双人操作时二者之比为 1∶15，即一个人每吹一口气，另一人做胸外心脏按压 15 次（见图 2-2-13），如此反复进行，不能停顿。5 min 后再次检查患者面色、口唇及颈动脉搏动，如病情无变化，则应持续人工呼吸及胸外按压，直到专业抢救人员到来或者患者恢复自动心跳（患者面色和口唇颜色恢复正常，能够摸到颈动脉搏动，有自主呼吸），表 2-2-1 是 2005 年国际心肺复苏（CPR）指南的最新标准比例表，以供医护人员现场参考。应注意的是一旦建立了高级人工气道，急救人员就不再需要胸外心脏按压与人工通气交替实施，即 30∶2 比例不复存在。取而代之，以连续 100 次/min 的频率进行心脏按压，同时以 10 次/min 的频率持续人工通气。

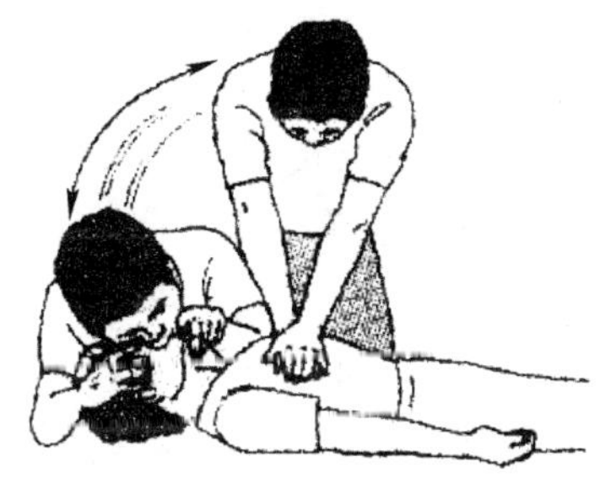

图 2-2-12 单人复苏操作

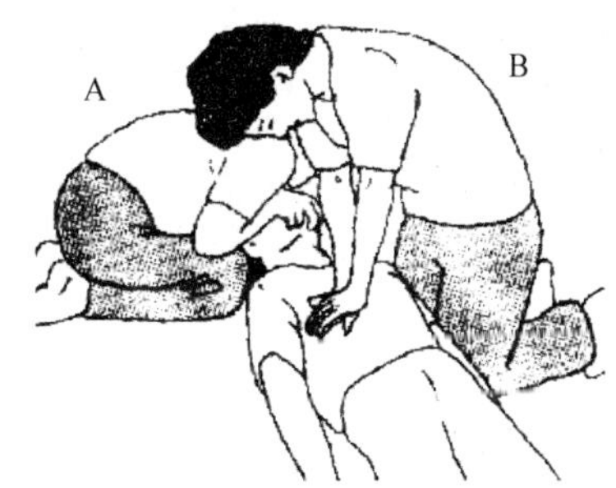

图 2-2-13 双人心肺复苏

表 2-2-1 2005 年国际心肺复苏（CPR）指南的最新标准比例表

	成 人	1～8 岁儿童	婴 儿
开放气道	仰头举颏法	仰头举颏法	仰头举颏法
人工呼吸	两次有效呼吸（每次持续 1 s 以上）	两次有效呼吸（每次持续 1 s 以上）	两次有效呼吸（每次持续 1 s 以上）
呼吸频率	10～12 次/min（约 5～6 s 吹气一次）	10～20 次/min（约 3～5 s 吹气一次）	10～20 次/min（约 3～5 s 吹气一次）
检查循环	颈动脉	股动脉	肱动脉
按压位置	上两指胸骨正中部位或胸部正中乳头连线水平		乳头连线下一横指
按压方式	两只手掌根重叠	两只手掌根重叠/一只手掌根	2 指（以环绕胸部双手的拇指，二人法）
按压深度	4～5 cm	2～3 cm	1～2 cm
按压频率	100 次/min	100 次/min	100 次/min

续表

	成　人	1～8 岁儿童	婴　儿
按压通气比	30∶2(单人或双人)	30∶2/单人或 15∶2/双人	30∶2/单人或 15∶2/双人
潮气量比	500～600 mL	每公斤/8 mL (约 150～200 mL)	30～50 mL
CPR 周期	两次有效吹气，再按压与通气 5 个循环周期 CPR		
AED	有 AED(心脏除颤)设备条件情况下，请先使用 AED 除颤一次，然后进行 5 个周期 CPR		不推荐使用

心肺复苏术(CPR)原则上应由单人完成。两人协同进行心肺复苏术(CPR)只有在两人均熟悉急救知识的情况下方可进行。

双人操作的方法是救护人员面对面跪在伤病者两侧，施救时肩膀不要互相接触。一个人做 30 次心脏按压，另一个人做两次口对口人工呼吸，两人交替进行。按压的频率与单人做心肺复苏术 CPR 相同，双人或多人在场实施 CPR 时，应每 2 min 或每 5 个周期 CPR 更换按压者，施救者应在 5 s 内完成转换。

(9) 检查呼吸

对于无反应的成人，给予人工呼吸前用 5～10 s(不超过 10 s)检查存在正常呼吸与否。对于无反应的儿童，用 5～10 s(不超过 10 s)检查存在呼吸与否。因为成人心脏骤停后第 1 min 可表现为叹气样呼吸，需紧急处理，因此有必要指导非医务人员识别这种情况。对于婴儿或儿童而言，这种情况相对较少，只需辨别是否存在呼吸。给予人工呼吸前，正常吸气即可，无需深吸气。

所有人工呼吸均应持续吹气 1 s ，再次检查伤病者的脉搏和呼吸情况。如果伤病者仍然没有呼吸、没有脉搏或任何血液循环迹象，坚持以 100 次/min 的频率按压胸部 30 次，然后进行两次口对口人工呼吸，交替进行这一步骤，直至伤病者复苏、或者救援人员到达、或者你精疲力竭无法再继续为止。

如果伤病者出现脉搏，但仍然没有呼吸，则要继续进行人工呼吸。每呼吸 10 次(每 1 分钟)，即检查 1 次呼吸和脉搏，持续进行这一步骤，直至伤病者恢复呼吸为止。如果其脉搏又消失，则恢复对伤病者做 CPR。

如果伤病者恢复呼吸、有了脉搏，则停止进行 CPR，并使其以复原卧位躺卧(见图 2-2-14)。你应继续监察其 ABC，并对其伤、病给予适当的急救护理。

注意：CPR 时，施救医务人员必须给予足够频率(100 次/min)和深度的胸外按压，并且保证按压的连续性，除非建立人工气道或除颤，中断按压时间不得超过 10 s，检查脉搏和人工呼吸也应在 10 s 内完成。

2.2.3 心肺复苏对救护员的要求

心肺复苏对救护员的要求如下。

(1) 动作迅速、头脑清醒

完成判断意识，摆正体位，开放气道，开始的两大口人工呼吸等步骤都分别要求时间限制在 5 s 内完成，判断有无心跳最多只能用 10 s。简而言之，抢救者必须在 50 s 之内为伤员建立起有效的人工呼吸和循环功能。

(2) 动作准确、操作有效

伤员必须平卧于平坦地面或木板上，松开领扣、领带，整个过程必须保持呼吸道通畅，注意清除口腔内异物，人工呼吸和胸外按压交替间隙时间不应超过 3 s，口对口人工呼吸时鼻腔不能漏气，人工呼吸的气量、频率、胸外按压的部位、深度、频率、呼吸按压比及操作姿势要准确，并在头 4 个循环后要检查伤员的意识、心跳、呼吸恢复情况，有心跳无呼吸可只做人工呼吸，有呼吸无心跳可只做胸外按压。

(3) 坚持复苏、及时判断

除非伤员恢复良好的自主呼吸和心跳，否则在医务人员到达之前不应放弃心肺复苏。心肺复苏有效指标是：可触及大动脉搏动，面色转为红润，瞳孔开始缩小，眼球或肢体开始活动。

注意：有些动作不仅对患者于事无补，而且还浪费宝贵的抢救时间，应坚决舍去不做，如：观察瞳孔、触摸患者手腕处的桡动脉、听心音(包括用听诊器以及用耳朵直接贴在病人胸壁上听)、测血压、向患者口内放置任何药物、按压患者的人中穴等。

2.2.4 复原卧位

当伤员处于俯卧位时，应使失去知觉的伤病者以复原卧位躺卧，以防舌头堵塞喉咙，由于头部稍低于身体其他部位，液体能够流出口外，从而减少伤病者将胃内食物吸入气管的危险。

使伤病者头、颈、背保持直线，并可以弯曲伤病者的肢体支撑他的身体，使其身体保持舒适和稳定的姿势。如果救护人员被迫离开失去知觉而又无人照顾的伤病者去求助，要让其以复原卧位安全躺卧。

复原卧位的方法如下：(见图 2-2-14)

(1) 让伤病者仰卧，双臂上举，手掌向上，像“投降的姿势”，双腿伸直。掏出其衣袋内所有易碎或大块的硬物。

(2) 跪在伤病者一侧，使其头部后仰和下颌上扬，以畅通气道。

(3) 拉住其不靠你这边的大腿，使其弯起，高于膝部，并让脚平放于地面。

(4) 将伤病者不靠你这边的另一只手臂横过其胸前，手背向上，贴住其面颊。拉住伤病者这只手臂和他弯曲的那条腿向自己这边侧转，使其转向侧卧。

(5) 翻转时，用膝盖抵住伤病者，以防其翻转过头。

(6) 如果可能，请别人协助你，托住伤病者的头免受伤害。

(7) 使其头部稍稍后仰，以保持气道畅通。如果必要，也要调整伤病者面颊下的手的位置。

(8) 如果需要，调整伤病者上面的腿，以使其臀部与膝盖保持直角。

(9) 调整其下面一只手的位置，以免被身体压住，要确保其掌心向上。

(10) 拨打电话叫救护车，每 10 min 检查并记录 1 次呼吸和脉搏，直到救援人员到达。

(11) 如果怀疑伤病者背部或颈部受伤，把其置于复原卧位时要注意：

1) 翻转伤病者的过程中始终保持其头部和颈部得到支持并与身体在一条直线上。

2) 把伤病者离你较远的手放在其胸前，而不要放在其面颊下。

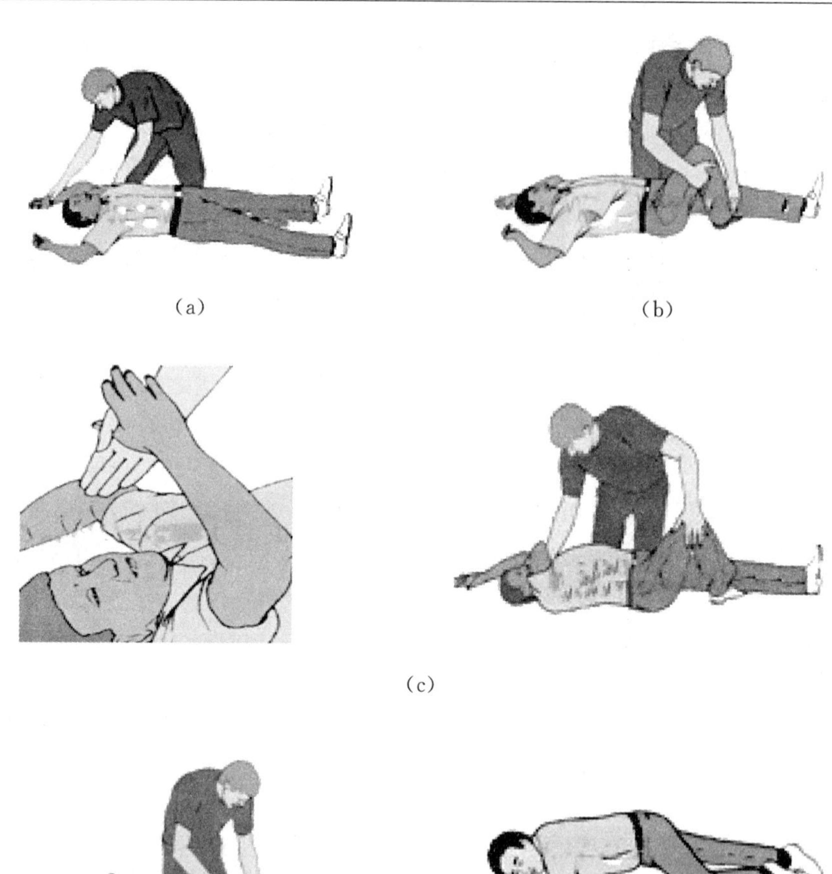

图 2-2-14 复原卧位

另外，为了增加回心血量，可把患者双腿垫高，这样，双下肢血液可以流回心脏，有利于人工循环。

对于有些伤病者而言，可能需要对复原卧位稍加调整，例如脊柱受伤的病人，其头、颈和躯干保持直线，如果伤病者的肢体受伤不能弯曲，可用卷起的毛毯或另外的人支撑其身体，以防其向前摔倒。

2.2.5 头部降温

大脑是人的最重要的器官之一。在自然界中，人类之所以能够得天独厚，就是因为我们有高度发达的大脑。大脑在消耗氧气方面非其他脏器可比。人脑组织的重量虽然只占体重的 2%，但它的耗氧量竟占人体全部耗氧量的 20%。

由于大脑是高度需氧器官，因此对缺氧最敏感，耐受性最差。在常温下，脑细胞在没有血液供应时超过 4 min 就会发生不可逆转的损害。其损害程度与温度成正比，温度越高，脑细胞代谢越快，坏死越快；反之，温度越低，脑细胞坏死越慢。因为温度低时，脑细胞代谢率降低,需氧少,耗氧减少,所以,复苏时要尽快采用各种措施降低患者头部温度。现场抢救时应就地取材,尽量利用现有条件,如冰箱中的冷冻食品、冰块以及冰棍、雪糕等,将这些东西用布包上后放在地上用脚踏碎,然后装在塑料袋中,再将盛有碎冰的塑料袋敷于患者颈部、枕部、头顶及前额,使患者脑部温度尽快下降,从而使大脑减轻或免受缺氧损害。

2.3 呼吸道异物清除法

2.3.1 概念

在某些情况下伤员可能在呼吸心跳停止的同时也存在呼吸道的阻塞,如口腔分泌物、呕吐物、水草、泥土等,有时候呼吸道梗阻其本身就是呼吸心跳停止的原因。为了保证心肺复苏有效性,必须保持呼吸道通畅、清除异物。呼吸道异物清除法是清除气管或支气管内异物的方法,其目的是解除窒息。

2.3.2 方法

对清醒的伤员,抢救者应位于伤员后面,一手握拳,使拳的虎口处对准伤员上腹部脐以上正中 2 cm 处,一手为掌,扶住拳头,然后抱住伤员突然向上腹部的上后方发力,使其异物吐出。

对昏迷的伤员,抢救者让伤员平卧地面或硬板上,用手掌根部对准伤员上腹部脐以上正中 2 cm 处,突然向上腹部的上后方发力,使其异物吐出。

2.3.3 注意事项

操作过程要短促有力,产生足够的腹腔压力,同时不要损伤腹腔脏器。

2.4 口腔异物清除法

2.4.1 概念

异物卡在喉咙后部,可能会堵塞喉咙,甚至造成肌肉痉挛,导致呼吸停顿。口腔异物清除法是清除昏迷伤员口腔异物的一种方法,目的是保持呼吸道的通畅,防止伤员窒息,这种方法常用于溺水、昏迷呕吐的伤员。

2.4.2 方法

口腔异物清除法主要有以下几种方法。

(1) 直接清除法

抢救者一手手心朝上,用拇指和食中指捏住伤员面部,使其口腔张开,并使伤员头略偏一侧,牙关紧闭者可配合使用开口器。抢救者用另一手指裹住纱布从伤员的口腔边缘进入伤员口腔底部,按从边缘向中间,从后面到前面的顺序经过伤员牙齿舌面将口腔异物掏出。操作过程要防止伤员无意咬伤抢救者手指(见图 2-4-1)。

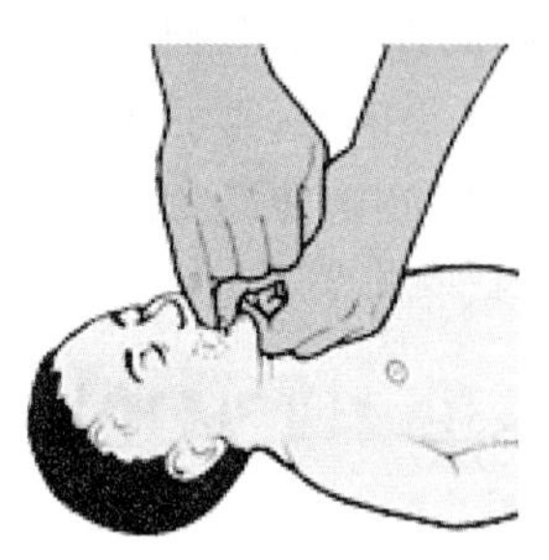

图 2-4-1 清除口内异物方法

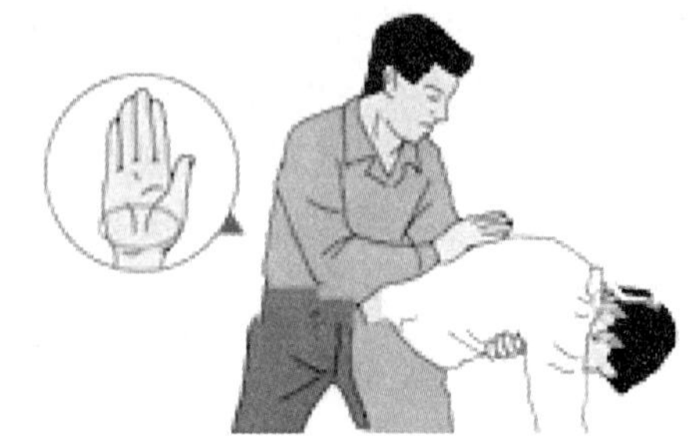

图 2-4-2 击背法

(2) 击背法

让伤病者尽量向前弯腰，平伸你的手掌，在其肩胛骨之间重击 5 掌，见图 2-4-2。

(3) 垂俯压腹法

如果背后掌击法不能奏效，可尝试垂俯压腹法(见图 2-4-3)。

1) 站在伤病者的身后，双手抱住伤病者的躯干。

2) 一只手握拳，拇指向内放在其腹部(肚脐之上，胸骨之下)，另一只手牢牢抓住握拳的那只手，向内和向上挤压其横膈膜，堵塞物可能会被挤出。

3) 重复步骤(2)和(3)3 次，如果堵塞物不能排除，拨打叫救护车，继续重复上述步骤直至救援人员到来。

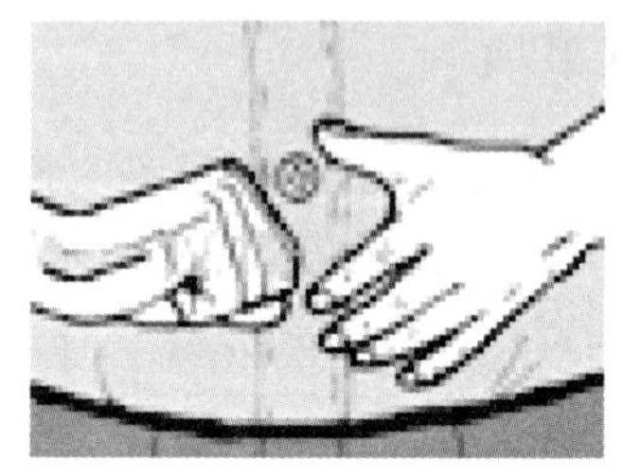

图 2-4-3 垂俯压腹法

2.5 心前区叩击法

2.5.1 概念

心脏是人体血液循环的动力泵。动脉血管将心脏排出的血液运往全身，动脉血富含氧气和养料，随着血管越分越细，细小的动脉最后将血液送至毛细血管，营养组织细胞。然后，静脉收集来自全身各处的毛细血管网的血液，送回心脏，完成着身体的血液循环，如图 2-5-1 所示。

维持全身血液川流不息的主要动力是来自心脏正常的收缩、舒张。收缩时，动脉血液被挤向动脉到全身。舒张时，静脉血液回流至心脏。研究资料表明，无论是心性猝死，还是其他原因造成循环骤停，心跳骤停前几乎都陷入到一个称为“心室纤维性颤动”(简称心室纤颤或室颤)状态。

心室纤颤时的心肌，缺乏齐一收缩能力，而是处于各自为政、杂乱无章的蠕动状态，因此心脏失去了排出血液、维持循环的能力，血液循环中断，无论是摸脉搏听心跳，均不可闻及，这个过程大约持续不超过 10 min。

心前区叩击法用于消除心室肌颤动，心跳骤停场发生心室肌颤动，因此心跳骤然停止时可以使用。

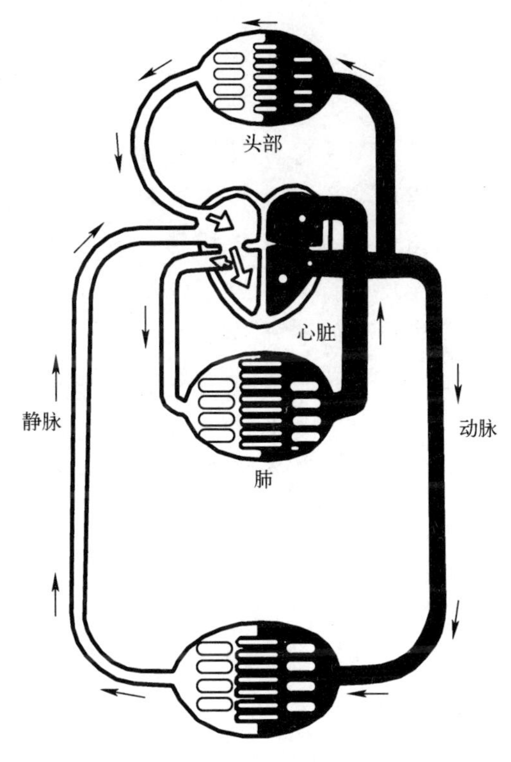

图 2-5-1　血液循环示意图

2.5.2　作用机理

刺激心脏起搏点，恢复起搏。当叩击心前区时，由于叩击的振动，作用于心脏，可以产生几个焦耳的能量，此能量作用心脏窦房结，可使窦房结恢复自主节律性。

2.5.3　使用时机

某种原因突然使心跳停止，时间不到1 min，其病因主要不是缺氧，如心脏病发作、溺水、触电等，这种方法常在心肺复苏前使用。

2.5.4　方法

伤员应仰卧于坚硬的木版或水泥地面上，绝不可在柔软有弹性的床上进行心前区叩击。在进行心前区叩击前，应正确判断心跳是否真的停止，如心跳停止，抢救者可握拳，用拳的小鱼际部对准伤员的胸骨左缘第三、四、五肋处猛击。一般拳高离伤员 30 cm 左右，用力要掌握好，千万不可造成内脏损伤或肋骨骨折。叩击一次后应判断有无心跳，若仍无心跳可重复 2～3 次，若仍无效，则应放弃叩击法，而改用胸外心脏按压。重复次数多不仅无效还会迟缓心肺复苏。

复习思考题

(1) 现场急救程序是如何启动的?
(2) 现场急救和伤员处理的基本原则是什么?
(3) 心肺复苏包括哪三大步骤?
(4) 心肺复苏的基本顺序是什么?
(5) 如何判断意识?
(6) 呼救报告的内容有哪些?
(7) 心肺复苏应采取什么体位?
(8) 开放气道常用的方法有哪些?
(9) 如何判断呼吸?
(10) 如何进行人工呼吸?
(11) 如何判断心跳?
(12) 胸外按压的位置、姿势、深度、频率是什么?
(13) 单人和双人进行心肺复苏时,按压与呼吸交替进行的比例是多少?
(14) 心肺复苏对抢救者有哪些要求?
(15) 呼吸道异物清除法常用于何种情况,如何进行?
(16) 口腔异物清除法应注意什么?
(17) 心前区叩击法的使用时机和注意事项有哪些?

第三章　现场外伤急救(二级)

外伤是一切外源性伤害的总称，对外伤的现场急救，我们通常采用止血、包扎、固定、搬运四大技术。现场外伤急救要求是止血要切实有效，包扎要牢固，固定要稳妥，转移要安全迅速。

3.1　止　血

3.1.1　概念

流动的血液经破损的血管壁，流到血管外的过程称为出血。出血分为内出血和外出血。内出血指流动的血液经破损的血管壁，流到皮肤、黏膜、胸、腹、盆腔以及组织间隙。发生内出血应立即拨打急救电话，让医生来处理。外出血指流动的血液经破损的血管壁，流到皮肤黏膜外。每个人均能采取不同方法制止大部分外出血。

严重外出血不仅血量大而且使人痛苦，这或许会分散你对急救顺序的注意。切记复苏术的 3 个步骤。人体一旦失血太多，典型地表现为面色苍白、出汗，血压就会下降，从而危及脑和其他重要器官的血液供应。因此严重的失血十分危险，必须立即止血，并拨打急救电话。看到大量的流血会使人恐惧，注意安慰伤病者，让其保持镇定。

救护人员在救护前应将手洗干净，如果可能，应尽量使用手套；如果救护人员有创伤或外伤，应用防水胶布贴住，尽量避免直接接触伤病者血液。

根据血液流出血管的不同，出血又可分为 3 种，见图 3-1-1。

(1) 动脉性出血：血液呈鲜红色，喷射状，出血与心跳同步，不易止住。

(2) 静脉性出血：血液呈暗红色，涌状，大静脉出血也不易止住。

(3) 毛细血管出血：滴状或渗出，稍压迫就可止血。

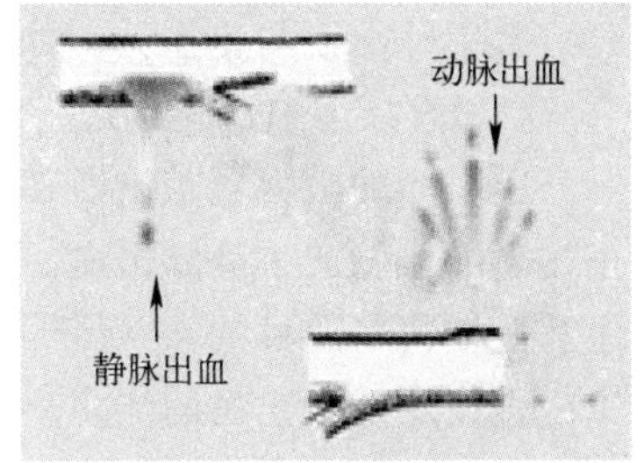

图 3-1-1　动脉性出血和静脉性出血示意图

人体的血容量：正常成人血容量约占体重的 8%，约 4 500～5 000 mL。当人体发生外伤出血时，若不及时控制出血，出血量超过人体血容量的 20%，约 1 000 mL 时，就有发生出血性休克的危险。若出血量超过人体血容量的 40%，约 2 000 mL 时，就会有生命危险。

初步了解伤员的出血量，对判断伤员的危险程度很有帮助，外出血容易判断出血量，内出血就不太容易判断。通常我们通过了解伤员的脉搏、症状和受伤部位的伤情初步判断出血的严重程度(见表 3-1-1)。

表 3-1-1 出血量与脉搏和症状的关系

程度	失血量*	脉搏	症　状
极轻	<15% 600 mL	正常或稍快	无症状，瞳孔正常，或有人稍感眩晕、不安、皮肤冷感
轻度	15%～20% 600～800 mL	100～120/min	眩晕、疲乏口渴、冷汗、皮肤发冷发白、失神、喘息、换气过度等
中度	20%～40% 800～1 600 mL	>120/min 快、弱	皮肤指甲苍白、冷汗、呼吸急促、精神症状、血压下降
重度	>40% >1 600 mL	>120/min 难以测出	躁动、迟钝、神志不清、呼吸浅促、大汗淋漓、无尿、收缩压低于 8 kPa (60 mmHg)
危重	>50% >2 000 mL	脉搏测不出	昏迷、紫绀、末梢冰冷、呼吸衰竭、瞳孔散大、血压测不到、心跳停止

* 失血量占全血量的百分率和绝对值。

3.1.2 常用的止血方法

止血是一种控制血流继续流失的急救措施。现场急救时，主要是针对外出血进行止血。当发生大、中血管破裂出血时，要及时采取止血措施，避免发生出血性休克甚至生命危险。

止血时应注意以下事项。

(1) 谨慎使用止血带，因其可能会加剧出血，并可能会导致组织受损甚至坏死。

(2) 不要试图清洁大的伤口，这可能造成严重出血。

(3) 不要试图取出伤口内较大的异物，这会造成更严重的伤害和出血。

(4) 不要在已经控制了出血后试图清洁伤口，把这些工作留给医护人员。

常用外出血的止血方法如下。

(1) 直接压迫止血法(见图 3-1-2)

用干净的敷料覆盖出血部位，然后用手直接压迫出血部位，可止住毛细血管或小静脉出血。止血后行加压包扎术能达到继续止血和保护伤口的目的。

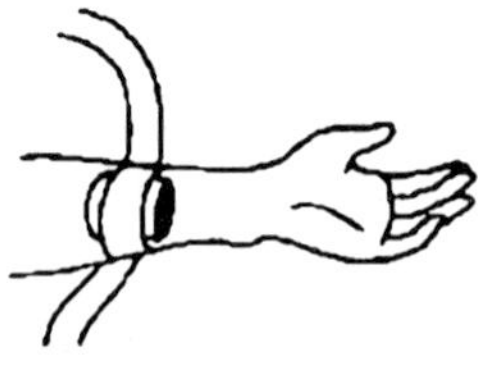

图 3-1-2 直接压迫法

直接压迫法止血的注意事项如下。

1) 脱下或剪开衣服露出伤口，注意一些可能伤及身体的锋利之物，如碎玻璃。

2) 用手指或手掌直接压住伤口，最好用无菌绷带或干净的纱布垫压住伤口上并持续施压约 5～10 min，以促使伤口闭合。但不要浪费时间去找这些材料，身边有干净的布条、手帕等都可以拿来使用。

3) 如果无法直接压住伤口，比如有物体从伤口中突出，要紧压伤口两侧。

4) 让伤病者举高、抬高受损伤部位的肢体，高于其心脏，可借重力作用减少血液流向伤处，从而减少失血。如果伤病者有骨折，要轻柔地处置。

5) 用绷带或毛巾固定和支撑受伤的部位，但不要扎得太紧，以免妨碍血液循环。如果血液渗透了绷带或毛巾，在其上再扎一层。如果伤口中有异物突出，在其两边垫上纱布直到高出异物,以包扎时不会压到异物为准。

6) 让伤病者躺下,以减少受伤部位的血流量,可减少休克的危险。

7) 对休克者进行护理,使其平躺,将其双脚垫高 20～30 cm,用毯或被子裹住,或用衣物盖住其身体以保持体温。

8) 如果持续施压 15 min 仍然不能止血,须实行间接压迫法止血。

9) 拨打叫救护车,检查包扎处的血液循环情况,等待救护车到来。

(2) 间接止血法(指压止血法)

这是最直观、最快捷、最简单的止血方法,也是发生头颈部及肢体大出血,尤其是动脉破裂大出血时首先应采用的方法和应急措施。先止住或减少出血,再采用其他方法进一步止血。此时不必考虑伤口感染,重要的是迅速止住出血。

其方法如下:如果没有骨折,可以迅速用手指直接压迫伤口。压迫要有方向性,即朝伤口下的骨头上压,把伤口直接压在骨头上,这样才能有效。此外,下压要有力量,否则效果不佳。

指压止血更科学的方法是直接压迫供应出血部位的体表动脉血管。图 3-1-3 示意了常用的体表动脉压迫点,首先找到相应部位搏动的体表动脉,然后将其压在动脉下面的骨头上。

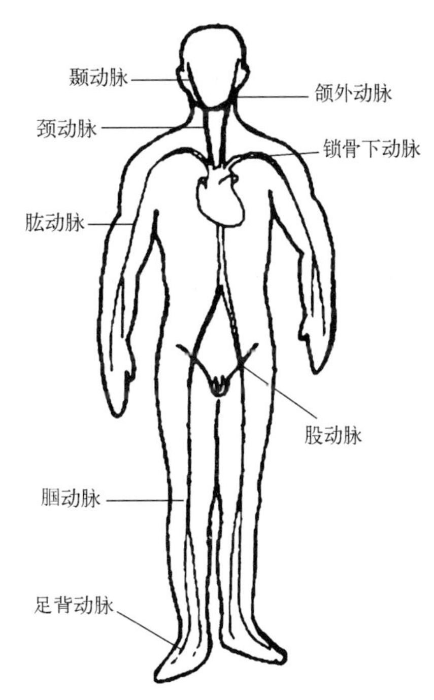

图 3-1-3　体表动脉压

以下是几个常用的动脉压迫点。

1) 颈总动脉压迫点:位于气管与胸锁乳突肌之间。用于头颈部大出血,但严禁同时压迫两侧的颈总动脉,否则可能引起严重脑缺血而发生昏厥。颈动脉内壁有压力感受器和化学感受器,不易压迫时间过长或揉压,否则可能会引起心跳过慢或血压下降等意外。有颈椎骨折时慎防颈动脉被骨折片刺破。所以,除非头部、口腔、颈部大出血,一般不采用压迫颈动脉的方法。

2) 面动脉压迫点:在下颌骨前面中部压迫双侧面动脉可止住面部出血。

3) 颞浅动脉压迫点:压迫耳屏前上方动脉可止住同侧额面部出血。

4) 锁骨下动脉压迫点:锁骨上凹内侧,向下后对准第一肋骨压迫可止住肩、腋窝部出血。

5) 腋动脉压迫点:腋窝中心向肱骨头方向压迫,可止同侧上肢出血。

6) 肱动脉压迫点:腋窝与肘关节之间,肱二头肌内侧压向肱骨干,可止住压迫点之下的上肢出血。

7) 股动脉压迫点:在腹股沟中点内侧,向耻骨压迫,可止住同侧下肢大出血。

由于间接压迫法是直接压迫伤口前端的主动脉,阻断了受伤肢体的正常的血液循环,所以除非迫不得已不要使用间接压迫法。除股动脉外,按压任何其他动脉不能超过 10 min,表 3-1-2 是常见的几种间接压迫止血法示例。

表 3-1-2 常见的几种间接压迫止血法示例

出血部位	止血方法	图 例
头顶部出血	侧耳前，对准耳屏前上方，用拇指压迫颞动脉	
颜面部出血	用拇指压迫伤侧下颌骨与咀嚼的前方交界处的面动脉	
肩腋部出血	用拇指压迫伤侧锁骨上窝，对准第一肋骨，压住锁骨下动脉	
上臂出血	肱动脉位于上臂内侧。在伤病者二头肌肉的下方摸到动脉后，一手抬高患肢，用四个手指同时将动脉贴紧骨头压住，直到手指感觉不到了动脉的跳动	
前臂出血	一手抬高患肢，用四个手指同时将动脉贴紧骨头压住，直到手指感觉不到动脉的跳动	
手掌出血	将患肢抬高，用两手拇指分别压迫手腕部的尺、桡动脉	
大腿出血	让伤病者躺下，在腹股沟或裤子褶皱处摸到股动脉。伸直手臂，用掌根将动脉紧贴骨盆压住。你也可以用两只手一起按压	

(3) 强屈关节止血法

适用于无关节损伤的肘关节和膝关节以下部位出血(如前臂、小腿等处出血)。

方法是先在肘窝或膝盖内侧放置紧裹成卷的毛巾、布卷和卫生纸卷等物,再使关节尽力屈曲,借助垫物压住所经过的动脉,再用带子固定即可,如图 3-1-4 所示。

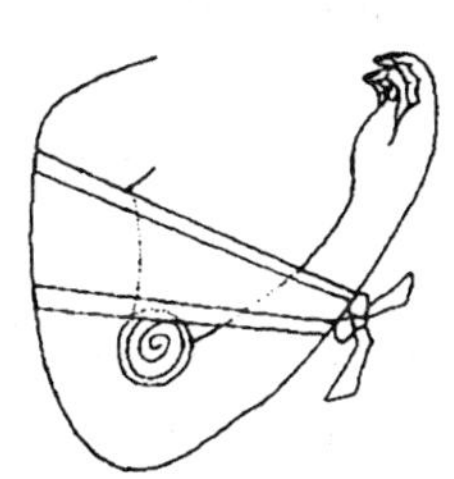

图 3-1-4　屈肢加垫止血

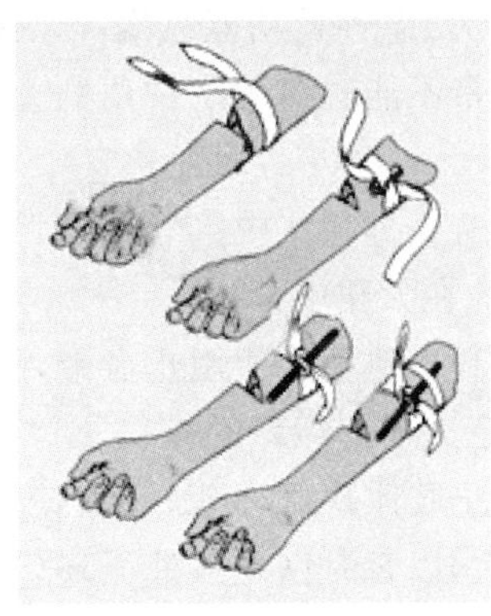

图 3-1-5　止血带的使用

(4) 止血带止血法(见图 3-1-5)

仅用于四肢大中动脉出血而其他止血方法效果不好时。应选用橡皮止血带、弹力止血带、布条止血带、忌用金属、丝、麻绳、尼龙绳等。上止血带的部位在出血部位的近心端,绕肢体一圈打一个活结,压力适中,应加用布垫。必须记录上止血带的开始时间,每 30 min 放松 0.5 min 到 1 min,注意使用止血带的时间原则上不超过 5 h。

1) 上、下肢橡皮止血带止血

先在缠止血带的部位(伤口的上部)用纱布、毛巾或受伤者的衣服垫好,然后以左手拇、食、中指拿止血带头端,另一手拉紧止血带绕肢体缠两圈,并将止血带末端放入左手食指、中指之间拉回固定(见图 3-1-6)。

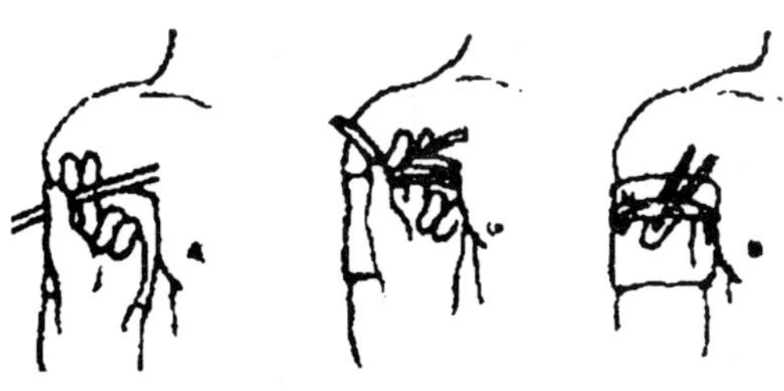

图 3-1-6　橡皮止血带止血

2) 棉布类就便材料绞紧止血

在没有橡皮止血带时,可使用三角巾、绷带、领带、手绢、布条等,折叠成带状后缠绕在伤口的上方(近心脏端),缠绕部位先用衬垫垫好,用力勒紧带子然后打结。在结内或结下穿一短棒,旋转此棒使带子绞紧,直至伤口不流血为止,最后将短棒固定在伤肢上(见图 3-1-7)。

止血带止血法是大血管损伤时救命的重要手段,但若使用不当,会出现严重的并发症,

图 3-1-7 就便材料绞紧止血

如肢体缺血坏死、急性肾功能衰竭等。因此，使用时必须注意以下几点。

(1) 止血带不能直接缠绕在皮肤上面，而必须用三角巾、毛巾、衣服等做成平整的垫子在底下垫住。

(2) 上臂避免绑扎在中1/3处，因为此处易损伤神经而引起肢体麻痹，应绑扎在上1/3处，下肢应绑扎在大腿中部。

(3) 前臂和小腿不要使用止血带，因血管在双骨中间通过，止血带达不到勒闭血管的目的，还有可能造成局部组织的损伤。

(4) 为防止肢体缺血坏死，一般使用止血带的时间不应超过2～3 h，而且每隔不超过1 h要松解一次，以暂时恢复血液循环。松开止血带之前应用手指压迫止血，将止血带松开1～3 min之后再在另一稍高平面绑扎。松解时，仍有大出血者，不再在运送途中松放止血带，以免加重休克。

(5) 如肢体伤重已不能保留，应在伤口的上方(近心脏端)绑扎止血带，不必放松，直到手术截肢。

(6) 绑扎好止血带后，在伤处附近明显部位加上标记，注明绑扎止血带的时间，并尽快送医院处理。

(7) 严禁将电线、铁丝、绳索当作止血带使用。

3.2 包 扎

3.2.1 概念

包扎是针对皮肤及皮下组织损伤而采取的一种急救措施。包扎可以达到止痛、止血和防止感染的目的。包扎的基本要求是动作要快、轻并且不要碰撞伤口，包扎要牢靠，防止脱落。现场急救的包扎材料常可用绷带、三角巾或毛巾、手帕、布块等。

3.2.2 材料和方法

包扎的材料：三角巾、四头带、绷带、纱布或干净的衣服、被单、毛巾等。

包扎的方法：头部包扎法、风帽式包扎法、上肢悬吊包扎法、螺旋法等。

(1) 三角巾

可叠成带状或展开成燕尾式，有很多种包扎方法。

1) 头部包扎法：底边中点落在眉心，顶角垂于枕角后，底角向后交叉至额部打结，固定顶角。

2) 风帽式包扎法：顶角打结套在眉心，底边中点放在枕部，底角反折经下颌绕到枕后打结。

3）面具式包扎法：顶角打结套在下颌，罩住头面部拉到枕后，底角交叉到额部打结，在眼鼻口开窗。

4）腹部包扎：顶角与底角绕大腿根部一圈打结，另一底角经腹绕腰与底部打纽扣结。

5）上肢悬吊包扎法：上肢屈曲 180°，放在三角巾中间，包住前臂后两底角在颈后打结，顶角用安全针固定。

展开的三角巾也可用于肩、手、足、残肢的包扎，折叠成带状的三角巾可用于包扎额、下颌、眼部等处。

（2）四头带

有长约 160 cm 四根带子附在厚纱布垫上，用于四肢和胸部的包扎时不易滑脱，对胸部损伤时用外层橡皮布压在纱布垫外边，可增加密封的效果。

（3）毛巾包扎法

当缺乏专用包扎材料时也可用干净的毛巾、布块等简易材料包扎伤口。

毛巾包扎注意要点：

角要拉得紧，结要打得牢；

包扎要贴实，松紧要适宜。

1）头部帽式包扎法

毛巾横放在头顶中间，上边对准眉毛上，上边两角拉到枕后下打结，下边两角拉向颌下打结（见图 3-2-1）。

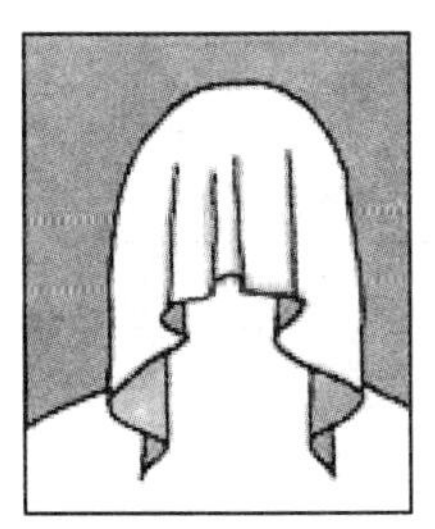

图 3-2-1　毛巾头部包扎

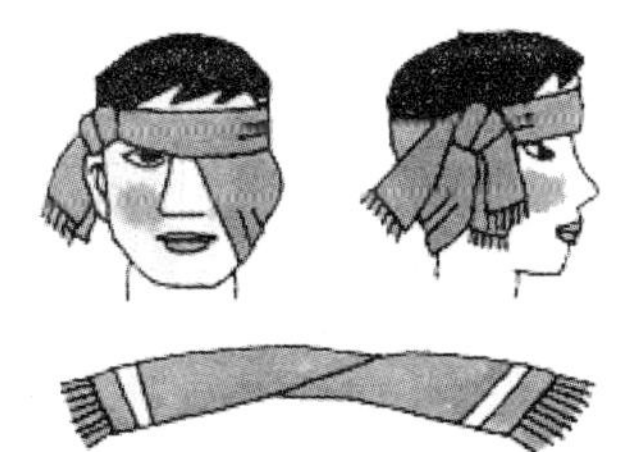

图 3-2-2　毛巾眼部包扎

2）单眼包扎法

把毛巾由折叠成“枪”式盖住伤眼，毛巾两角围额在枕下打结；用绳子扣住毛巾一角，在颌下与健侧面部毛巾处打结（见图 3-2-2）。

3）下颌兜式包扎法

将毛巾折成四指宽，一端扣上系带，把毛巾托住下颌往上提，系带与毛巾一端在头上颞部交叉绕前在耳旁扎结（见图 3-2-3）。

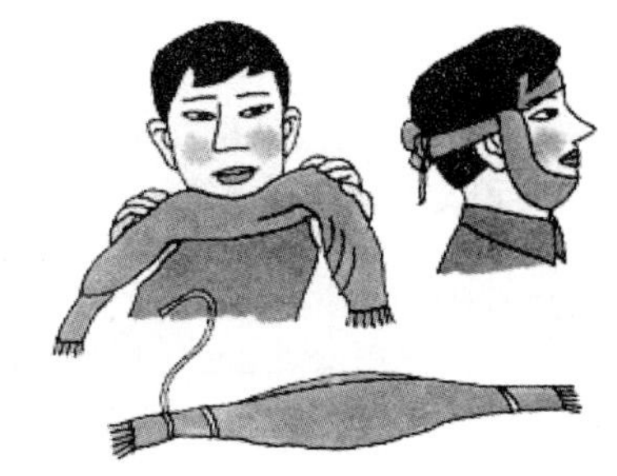

图 3-2-3　毛巾下颌包扎

4）单胸包扎法

把毛巾一角对准伤侧肩缝，上翻底边至胸部，毛巾两端在背后打结，并用一根绳子再固定毛巾一角（见图 3-2-4）。

5）手臂包扎法

把毛巾一角打结对准中指，用另一角包住手掌，再围臂螺旋形绕好，用系带打结固定（见图 3-2-5）。

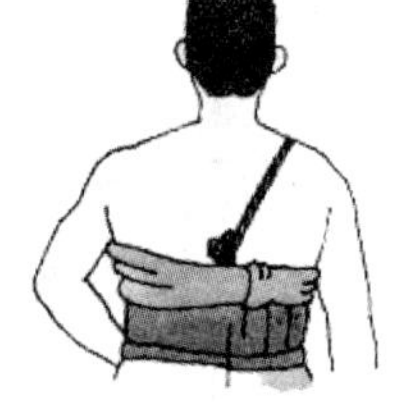

图 3-2-4 毛巾胸部包扎

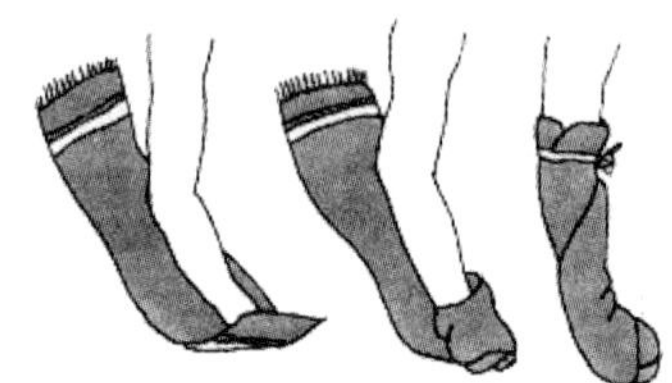

图 3-2-5 毛巾手臂包扎

6）肘（膝）关节包扎法

将毛巾折成带形包住关节，两端系带在肘（膝）窝交叉，在外侧打结固定（见图 3-2-6）。

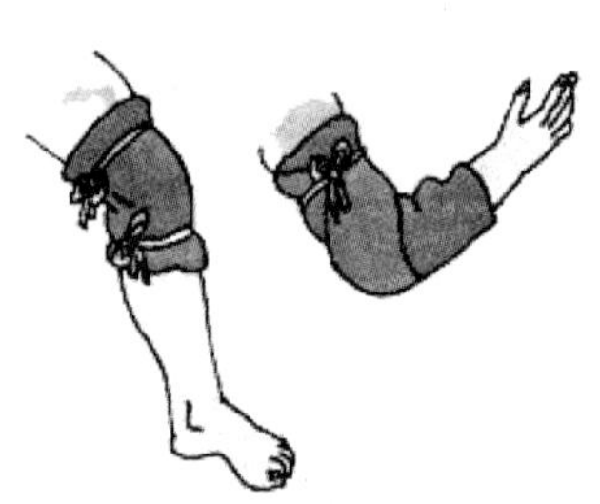

图 3-2-6 毛巾肘（膝）关节包扎

（4）绷带

对肢体和头部包扎有效。缠绷带时要用力均匀，第二圈应压住第一圈的 1/2～2/3，即将包扎完时在同一平面绕 2～3 圈，将末端撕成二股，交叉绕肢体一圈打结，也可用胶布将末端固定。

绷带的基本缠法有（见表 3-2-1）：

表 3-2-1 几种常见绷带包扎方法的示例

包扎部位	包扎步骤	包扎图例
包扎前臂	1. 将绷带卷在伤口处缠好 2. 然后把绷带向两侧延伸 3. 最后在关节下方合适的位置固定绷带 4. 检查手指头的血液循环情况，调节绷带的松紧	
包扎肘关节伤口	1. 首先用绷带包扎肘弯 2. 然后把绷带向两侧延伸 3. 最后在肘关节下方合适的位置固定绷带	

续表

包扎部位	包扎步骤	包扎图例
包扎手部	1. 使用绷带，从手腕处开始，重复缠绕 1～2 圈，拉出绷带 2. 然后绕到小指的顶端 3. 在手掌下方穿过 4. 然后斜穿过手背回到手腕处 5. 重复以上步骤 6. 最后在手腕处打结或使用安全针、医用胶布来固定绷带末端 7. 检查露在外面的手指头的血液循环情况，调节绷带的松紧	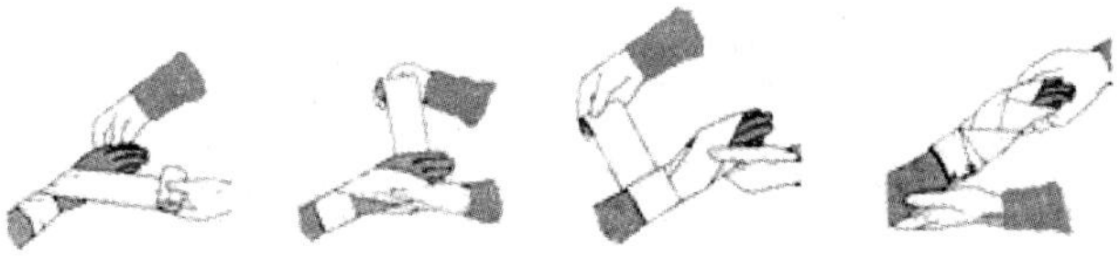
包扎手掌	1. 让伤病者紧握一块衬垫和绷带的一端 2. 然后用绷带卷把手指包扎起来 3. 检查露在外面的大拇指的血液循环情况，调节绷带的松紧	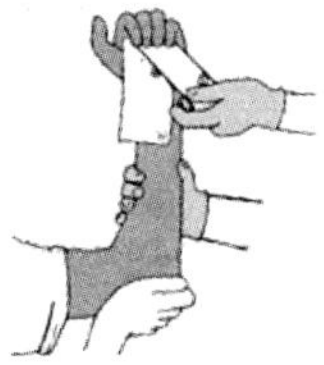
包扎膝关节	1. 首先用绷带环绕膝盖 2. 然后把绷带向两侧延伸 3. 最后在关节下方合适的位置固定绷带	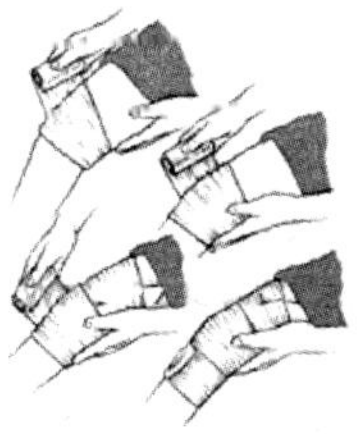
包扎足部	1. 将绷带从脚踝处开始，重复缠绕 1～2 圈，然后拉出绷带 2. 从足底拉到脚的中部，在中部重复绕 1 个圈 3. 接下来绕回到脚踝处 4. 重复以上步骤 5. 最后在脚踝处打结或使用安全针、医用胶布来固定绷带末端 6. 检查露在外面的脚趾头的血液循环情况，调节绷带的松紧	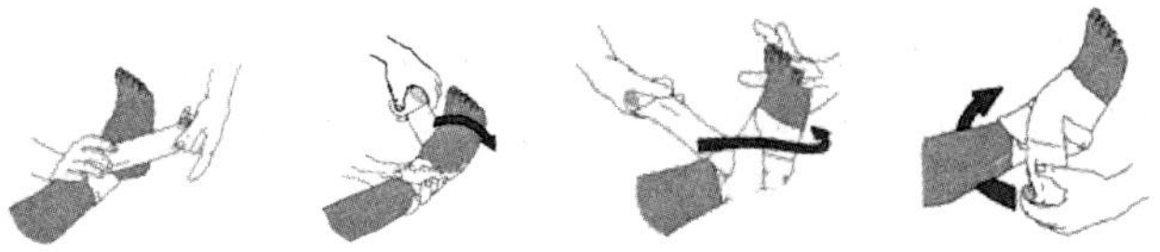

1）环形法

环形法（见图 3-2-7）：是最基础、最常用的绷带包扎方法。绷带包扎时救护员面向伤员，取适宜的位置，先在创面上盖上消毒纱布，然后再使用绷带。将绷带作环形缠绕，第一圈稍呈斜状，至第二、三圈……作环绕。如将环绕时斜出一角反转压于环形圈内，则固定更为牢靠。环形法通常用于肢体粗细大致相等的部位，如胸、腹、四肢等。

图 3-2-7 环行包扎

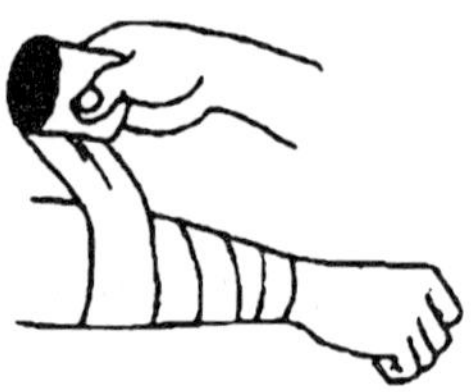

图 3-2-8 螺旋包扎图

2）螺旋法

螺旋法（见图 3-2-8）：是先按环形法缠绕数圈固定，然后每圈盖住前圈 1/3～2/3 成螺旋状，常用于粗细差不多的四肢，如躯干及四肢伤。

3）螺旋反折法

螺旋反折法（见图 3-2-9）：是先做螺旋状缠绕，待到渐粗的地方就把绷带反折一下，盖住全圈的 1/3～2/3，这样由下而上的缠绕即成。用于肢体粗细不均的部位，由细向粗处缠，每缠一次即反折一次。

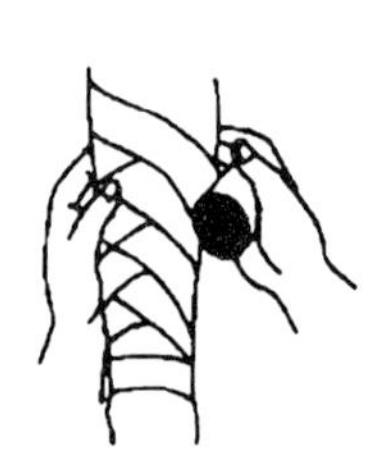

图 3-2-9 螺旋反折法

图 3-2-10 “8”字形包扎

4）“8”字形法

“8”字形法（见图 3-2-10）：是在关节弯曲的上下两方，先将绷带由下而上缠绕；再由上而下作“8”字形来回缠绕。常用于关节及锁骨骨折者。多用于肘、膝、腕、肩、踝等处。

3.3 固　定

3.3.1 概念

固定是对骨折采取的一种急救措施。骨折是指骨质的连续性发生了中断，使损伤的一种常见类型。主要表现为:局部疼痛、畸形、肢体功能障碍,检查时还可发现骨摩擦感(音)、骨质明显压痛和叩击痛、出现假关节、伤口内发现骨折端或骨片。

骨折后常因出血和剧烈疼痛引起休克,还可能发生神经损伤导致肢体瘫痪。因此为骨折伤员实施固定可以减轻伤员疼痛,减少休克的发生,避免骨折端损伤血管、神经,减少开放性骨折的感染机会。当判断不清伤员有无骨折时,急救时仍按骨折处理。

固定分内固定和外固定两种,现场急救时,常用外固定术处理四肢骨的骨折,与医院的治疗性固定目的不一样,现场骨折固定,主要是为了转送的需要,所以只着重强调迅速与可靠,而不必为骨折端复位。

3.3.2　急救骨折与脱臼伤病者的步骤

急救骨折与脱臼伤病者的步骤如下。

(1) 检查伤病者的 ABC 三步骤情况,即畅通气道、检查呼吸和脉搏情况。如果必要,对其实施人工呼吸、心肺复苏术 CPR,并控制严重出血。

(2) 安慰伤病者,让其保持冷静。

除非必须,不要移动伤病者。如果要移动,应先完全固定好其伤处。

除非迫不得已,不要移动臀部、骨盆或大腿处骨折或脱臼的伤病者。如果一定要移动伤病者,使用拖运法。

(3) 如果断骨头刺穿皮肤,或隐藏在伤口里面,要做好防止其感染的措施。

· 不要用嘴对伤口吹气;
· 不要用水冲洗伤口;
· 不要使用探针深入伤口;
· 不要试图弄直变形的骨头或关节,或者试图将其摆回原位;
· 不要给伤病者任何饮食。

包扎固定伤口之前,先用无菌敷料在断骨周围适当垫高,再在上面垫上无菌敷料,然后使用绷带包扎。

(4) 使用夹板和吊带固定受伤部位。

注意:一定要同时从受伤部位的上方和下方固定受伤部位。

(5) 每 10 min 检查 1 次包扎后伤处附近的血液循环情况。

(6) 采取措施防止休克。让伤病者平躺,将其双脚垫高 20～30 cm(如果髋部及下肢受伤时不要垫高双脚),用毯或被子裹住,或用衣物盖住其身体以保持体温。

(7) 拨打急救电话叫救护车。

如果救护车正在赶来,除非伤病者情况紧急,不要为其包扎,留给医生去做。

3.3.3　固定的注意事项

固定时应注意以下要点。

(1) 尽可能将骨折肢体牵引为正常位(但不要求复位)。

(2) 固定材料可选用夹板、木板、硬纸板、伞把和布条、绷带等。

(3) 固定范围应超过骨折部位的上下的两个关节。

(4) 未清洁而又允许包扎的伤口,应固定在衣裤外。

(5) 固定松紧适当，避免皮肤神经受压，在骨关节突起部位可适当加垫棉花、纱布。

(6) 要暴露出固定肢体的末端以便观察骨折肢体的颜色、感觉、温度以及判断骨折肢体的血液循环及神经受损情况。

3.3.4 常用骨折固定方法

(1) 上肢损伤的固定

1) 三角巾固定法：用一块、两块三角巾均可，也可用绷带缠绕法，缺乏包扎材料时，可用自身衣服前下角斜剪后包扎固定。

2) 板固定法：效果较好，上臂骨折最好用直角形木夹板，可用伸直位固定或屈曲位固定，几种固定法联合应用更为稳妥。

(2) 下肢损伤的固定

1) 自体固定法：即将伤肢固定于健肢上。先将患肢牵直，于骨隆突处及膝关节间衬垫好，然后在双腿及臀部用三角巾或绷带固定 4～5 道。此法膝关节易弯曲，伤员不舒服，难以耐受较长时间。

2) 简便夹板固定法：胫腓骨骨折时固定范围要超过膝，踝关节，股骨骨折时则下达踝关节，上达腰部或腋部，下肢内外侧各置一块夹板固定效果更好。几块短小木板不如一块长的扁担或竹板固定，固定物一定要有足够的长度如表 3-3-1 所示。

表 3-3-1 常见骨折的固定方法

受伤部位	处理方法	图 例
上臂、肩部受伤	1. 让伤病者坐下，托住受伤的胳膊，置于胸前 2. 把伤臂放在胸前用三角绷带固定 3. 用宽绷带把伤臂固定在胸前，宽绷带要在三角绷带之上 4. 送伤病者去医院，途中不要让其自由活动	
锁骨受伤	1. 让伤病者坐下，斜举受伤一侧的胳膊至胸部，另一只手托住 2. 使用绷带或布条支撑并固定手臂，以减轻对肩部及锁骨的牵引 3. 并用宽绷带把伤臂固定在胸部，使整个受伤部位停止活动 4. 送伤病者去医院，途中不要让其自由活动	

续表

受伤部位	处理方法	图　例
肘部受伤	1. 如果伤臂是直的，用一根夹板平直地贴住伤臂，将上臂和前臂同时与夹板绑在一起，使伤臂固定，肘部不再活动 2. 如果伤臂是弯曲的，不要试图伸直伤臂，如图所示将夹板从伤臂内侧穿过，然后将上臂和前臂同时与夹板绑在一起，使伤臂固定，肘部不再活动 3. 送伤病者去医院，途中不要让其自由活动	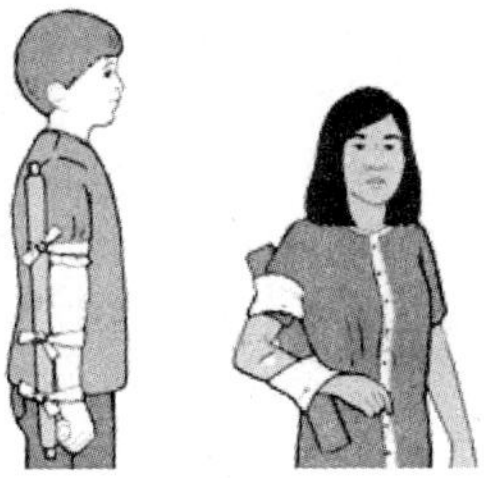
前臂和腕部受伤	1. 取下手表、手镯、戒指等饰物 2. 使用夹板或临时夹板，如一叠报纸、杂志等，托住并固定伤臂 3. 然后把伤臂放在胸前用吊带固定	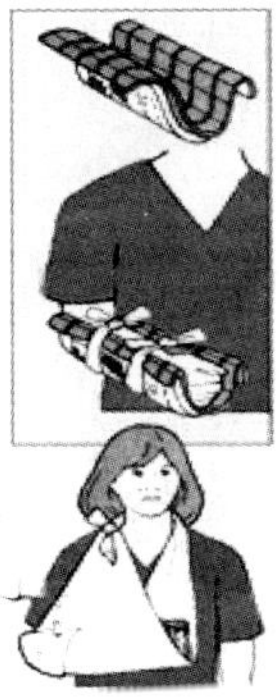
手和手指受伤	1. 脱下戒指，用鞋带、细绳等将受伤的手指与邻近未受伤的手指固定在一起。不要绑得太紧，保障其血液循环 2. 抬高手部，并进行冷敷以减轻肿胀 3. 送伤病者去医院，途中不要让其自由活动	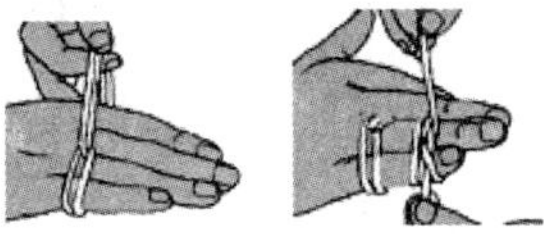
肋骨受伤	1. 在伤处放一洁净的软垫(如枕头)，让伤病者用上臂夹住 2. 让伤病者采取舒适的半坐位，头、肩和身体倾向受伤的一侧，用绷带或布条托住受伤一侧的手臂 3. 检查伤病者的 ABC 三步骤情况，即畅通气道、检查呼吸和脉搏情况。如果必要，对其实施人工呼吸、心肺复苏术 CPR，并控制严重出血 4. 拨打急救电话叫救护车	

续表

受伤部位	处理方法	图例
臀部和骨盆受伤	1. 除非必须，不要移动伤病者。如果一定要移动，使用拖运法 2. 在伤病者伤肢旁放置两块木夹板，用毯子、毛巾包裹好木夹板或者在木夹板和伤肢之间放置软垫 3. 腿外侧的长木夹板要从腋下一直延伸到略超出脚后跟，腿内侧的短木夹板也同样从腹股沟一直延伸到略超出脚后跟 4. 用宽绷带在胸部、腰部、胯部、大腿、膝盖和脚踝部位扎紧，使身体固定，但注意扎绷带处应避开伤处 5. 拨打急救电话叫救护车	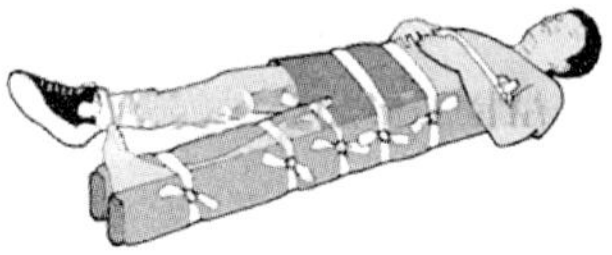
大腿骨折	1. 将受伤下肢伸直，足趾向前 2. 长夹板放置大腿下方或外侧，捆绑膝关节、髋关节、腰部、胸部、足部 3. 在骨折端上、下部位适当加强捆绑 4. 除非必须，不要移动伤病者。如果要移动，应先完全固定好其伤处	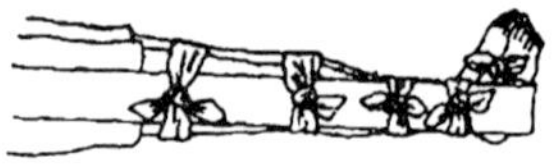
膝盖受伤	1. 如果受伤膝盖是伸直的，参照小腿受伤包扎处理 2. 如果受伤膝盖是弯曲的，千万不要试图将其伸直 3. 相反，将没有受伤的那条腿弯曲到同样角度，准备适当厚度的软垫（如枕头、折叠的毯子之类）置于大腿之间和小腿之间（膝盖之间不要放置软垫）并拢双腿 4. 用宽绷带在大腿、小腿部位扎紧，使双腿固定，保持弯曲	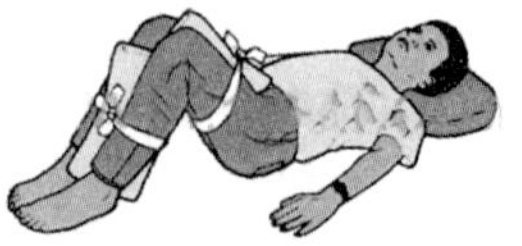

续表

受伤部位	处理方法	图 例
小腿受伤	1. 在伤病者伤肢旁放置两块木夹板,用毯子、毛巾包裹好木夹板或者在木夹板和伤肢之间放置软垫 2. 腿外侧的长木夹板要从胯部一直延伸到略超出脚后跟,腿内侧的短木夹板也同样从腹股沟一直延伸到略超出脚后跟 3. 用宽绷带至少绑扎 4 处,使身体固定,但注意应避开伤处 4. 如果手头没有木夹板或木棍等硬物,你可以用毯子卷成一卷,放在伤病者两腿中间,然后将两腿捆绑在一起,同样具有一定的刚性可以固定伤腿(自体固定) 5. 拨打急救电话叫救护车	图 a 小腿骨折固定 图 b 小腿骨折自体固定
脚踝部受伤	1. 踝部固定在最舒适的位置上 2. 如果是新伤,用冷敷法以减轻肿胀 3. 用厚的软垫包裹住踝部。如图所示,先在小腿靠近踝部绑扎两道,再在脚趾处绑扎一道,让脚趾露出在外 4. 抬高并固定伤肢,以减轻肿胀	

3.4 搬 运

3.4.1 概念

搬运是针对不能行走或不宜行走的伤员而采取的一种转送伤员的方法。常用工具有毛毯、担架、木板等。搬运是转送伤员的基本手段,不正确的搬运可以加重伤员的损伤,增加伤员的痛苦,搬运伤员一定要根据伤员的伤情和当时的人力物力条件来决定采用何种搬运方式。

搬运前首先必须妥善处理好伤病员(如外伤者的止血、包扎、固定),才能挪动。除非立即有生命危险或救护人员无法在短时间内赶到的,都应等救护人员先处理,待病情稳定后再转送医院。

3.4.2 工具

担架或门板需 3～4 人,手推车只能在平坦道路上用,船舶运送较平稳,但此三种办法速度较慢。汽车运送应注意尽量减少颠簸,直升机对危重病人为理想工具,能够争取时间,得到早期诊治，可及时挽救病人的生命。

3.4.3 搬运的原则

搬运原则如下：

(1) 除非迫不得已，不要移动伤病者。

(2) 确保自己的安全。

(3) 永远要假设伤病者头部、颈部或背部受伤。

(4) 对于颈部或背部受伤，或者严重受伤的伤病者，千万不要移动他。除非有危及生命的情况，如火灾、毒气、浓烟或即将倒塌的建筑。

(5) 搬运伤病者时，尽量保持伤病者的头部、颈部、背部位置固定与身体保持笔直。

(6) 尽量不要一个人移动伤病者。如有可能，找人帮助一起搬运，让最有经验的人作领导。

(7) 搬运前确保伤口已包扎固定。

(8) 正确利用身边的器具，如椅子、门、大衣、毯子、浴巾、棉布等。

(9) 不当的搬运方法可能会造成严重的损伤。

(10) 如果没有帮助，应鼓励伤病者扶着你或其他物体自己行走。

3.4.4 常用的搬运方法

徒手搬运，当现场缺少搬运工具、但转运路途较近、伤员伤情较轻时可以采用徒手搬运。徒手搬运有以下几种方法。

3.4.4.1 单人搬运

常用的单人搬运方法有以下几种。

(1) 扶持法

救护员站在伤员的患侧，让伤员一手绕过救护者的颈后，救护者用一手握住伤员的手，将另一只手绕过伤员的腰部，抓住伤员臀部的衣物，协助伤员前行(见图 3-4-1)。

(2) 抱持法

救护员一手托起伤员肩背部，一手托起伤员双大腿，将其抱起。伤员如能配合，可让其揽住救护员的颈部(见图 3-4-2)。

(3) 背驮法

救护员站在伤员前面，呈同一方向，向前微弯背部，将伤员背起。不能站立的伤员，救护员可躺在伤员的一侧，一手紧握伤员肩部，另一手抱起，用力翻身，使其负于背上，而后慢慢站立。此法不适用于呼吸困难或胸部受伤的伤员(见图 3-4-3)。

(4) 拖运法

救护员蹲在伤病者身后，扶其坐起，将其胳膊在胸前交叉。救护员的胳膊从腋下伸出，抓住伤病者的手腕，小心地拖着他向后蹲着行走。

注意：如果伤病员肩部、头部或颈部受伤，不要用此方法。

3.4.4.2 双人搬运

双人搬运伤员行进时要格外小心，并且只有在情况紧急时才采用。

图 3-4-1　扶持法

图 3-4-2　抱持法

图 3-4-3　背驮法

双人搬运主要有以下几种方式：

(1) 双人坐位搬运法

1) 两人分别交叉手臂和互相抓紧手腕。

2) 两人互相交叉的手臂环垫在伤病者的腰部(可以同时用手抓住伤病者的腰带),另外一对互相握住手腕的手臂环移至伤病者的大腿间。

3) 身体靠近伤病者,两人同时挺直腰并慢慢起身,抬起并移动伤病者。

注意:对于颈部或背部受伤,或者严重受伤的伤病者,不可以采取双手坐位法(见图 3-4-4)。

图 3-4-4　双手坐位法

(2) 拉车式

若有两名救护员,则一名站在伤员的背后,将两手从伤员腋下插入,把伤员两前臂交叉于胸前,再抓住伤员的手腕,把伤员抱在怀里;而另一名背对伤员,站于伤员二腿中间将伤员两腿抬起,两名救护员一前一后地行走(见图 3-4-5)。

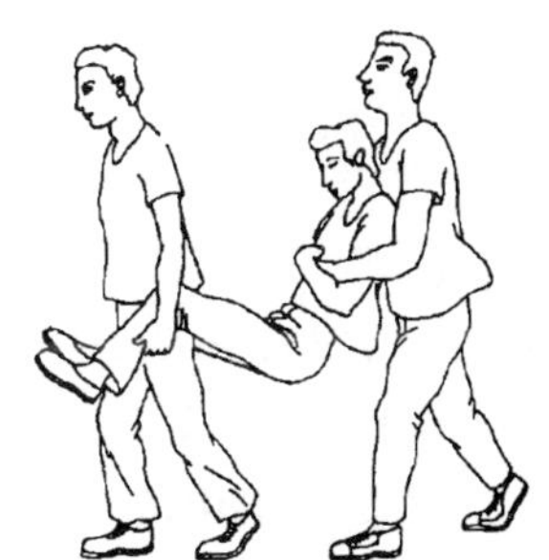
图 3-4-5　拉车式

3.4.4.3　三人平托搬运法

三人平托搬运法(见图 3-4-6)的要点如下：

(1) 必须确保伤病者的头部、颈部、背部、手臂、臀部、大腿和膝盖下面都有手臂的支持。

(2) 在搬运伤病者时,确保其身体保持笔直和水平。

(3) 确保伤病者的受伤部位不会发生扭曲、弯曲和晃动。

(4) 搬运距离和时间尽可能短,以离开危险地方为准。

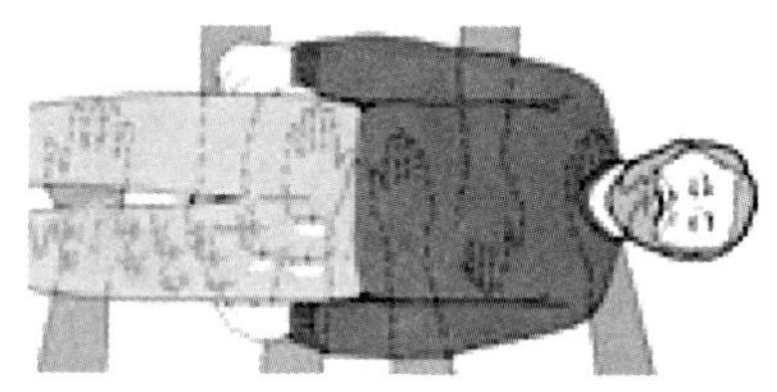

图 3-4-6 三人平托搬运法

3.4.4.4 担架搬运

伤员上担架的方法:

第一种方法:救护员将伤员侧身,将担架侧于伤员背后,放担架时顺势将伤员放置在担架上。

第二种方法:两名至三名救护员同站在伤员一侧,担架放于伤员另一侧,救护员双手插入伤员背部,用力将伤员抬起放置担架上。

伤员上担架后胸部、腰部、大腿要用绳子固定在担架上,防止转送途中跌落。搬运行走时让伤员头在后,足在前,以便救护员随时能观察到伤员的变化;在伤员头部的救护员需指挥整个搬抬转送过程,当发出“走”的口令时,前面的救护员迈左脚,后面的救护员迈右脚,做到行动一致,平稳前进。

在没有担架的情况下,可用椅子、门板、毯子、衣服、大衣、绳子、竹竿、梯子等代替担架。

3.4.5 搬运要点

3.4.5.1 危重伤员的搬运

昏迷伤员没有自我保护意识,一旦发生恶心、呕吐就会引起呛咳或误吸,造成呼吸道堵塞,甚至发生窒息死亡。因此搬运昏迷伤员时要将伤员头部偏向一侧,还可将伤员侧卧位。休克伤员由于血容量不足,搬运时应将伤员处于头低脚高位,将伤员下肢抬高 30～50 cm,以保证血液首先供应内脏特别是大脑,转送过程中要为伤员输液给氧。胸部受伤有呼吸困难的伤员,转送时可将伤员置于半靠位,有条件时最好用坐式担架,以便伤员呼吸并同时给氧。腹部受伤的伤员搬运时取仰卧位,下肢屈曲。

3.4.5.2 颈椎损伤的搬运要点

对颈椎受伤的伤员要格外当心,搬运中一不小心就有可能造成立即死亡。往担架上搬动时,应由 3～4 人一起搬动,其中一人专管头部的牵引固定,使头部始终保持与躯干部成直线的位置,维持颈部不动;另外两人托住躯干,一人托住下肢,以协调的动作将伤病员平直抬到担架上,并在其颈下放一小枕,同时伤员的胸、腹、大腿、小腿也需与担架固定(见图 3-4-7)。

为了减少运送途中头颈部的晃动,应将伤员的颈部与担架固定,并在颈部两旁加充填物(见图3-4-8)。

图 3-4-7　颈椎伤员的搬运

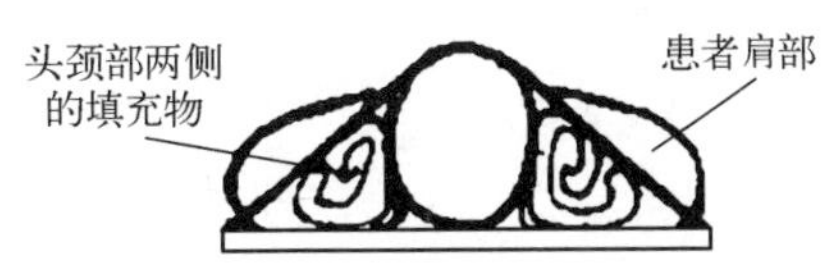

图 3-4-8　在伤员颈部两旁加充填物，以减少伤员头部晃动

3.4.5.3　腰椎损伤的搬运要点

腰椎损伤的伤员搬运时需两人以上才许搬动。搬动时必须作整体搬动，担架必须是硬板担架，上担架后应在伤员腰部放一腰垫，胸、腹、大腿、小腿与担架固定，双手相互捆绑固定。腰椎损伤的伤员严禁徒手搬运，当现场缺乏硬板担架时可用平整门板代替(见图 3-4-9)。

将伤员抬至担架或木板上后，应在其颈部及腰下加垫，并加以固定(见图 3-4-10)。

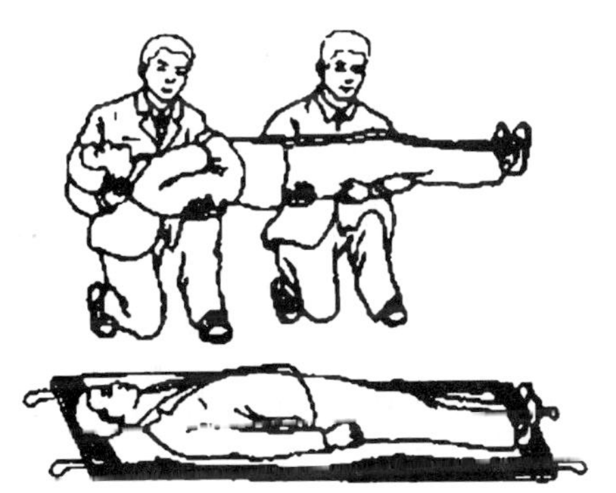

图 3-4-9　腰椎损伤员的搬运

图 3-4-10　在伤员颈下及腰下加垫，并加以固定

行车时车速不要过快，不要急刹车及突然加油，以尽量减少颠簸和晃动。

复习思考题

(1) 现场外伤急救常用的四大技术指的是什么？
(2) 常用的止血方法是什么？
(3) 止血带止血的注意要点有哪些？
(4) 包扎常用的材料和方法有哪些？
(5) 骨折固定可以达到什么目的，应注意什么？
(6) 搬运昏迷病人时应让病人采取何种体位？
(7) 搬运脊椎骨折病人为什么要使用硬板担架？

第四章　现场常见损伤及处理

4.1　现场外伤处理原则

现场外伤的急救原则主要有以下几点。

(1) 就地复苏的原则

发现呼吸心跳停止的伤员，只要现场环境允许就必须在 50 s 内开始心肺复苏，绝不能因“呼救报告”或“联系转送”而延缓抢救。

(2) 先重后轻的原则

它包括先救治重伤员，后救治轻伤员，先处理危及生命的重伤情，后处理无生命危险的轻伤情。

(3) 迅速、简单、有效的原则

现场处理伤口不仅急救者头脑要清楚，不慌张，更重要的是初步判断要迅速，操作必须简单、有效，达到现场救治的目的。

(4) 及时安全转送的原则

现场的处理往往是非专业医疗救治，只要伤员心肺功能稳定或有良好的人工心肺功能支持，就应尽快地转送伤员到医院进行专业化的救治。

(5) 无菌操作的原则

现场外伤的处理也应遵守医学中的无菌操作的原则，尽可能使用无菌敷料，尽可能为伤口消毒，尽可能避免细菌污染等。

4.2　外出血

4.2.1　概念

血管内的血液流到皮肤、黏膜外，称为外出血。出血量超过 800 mL 时为大出血，它可导致出血性休克，外出血常伴有皮肤的撕裂伤。

4.2.2　现场判断

外出血伤员的现场判断原则如下：

(1) 血液鲜红，出血汹涌，有搏动性是动脉性出血。

(2) 血液暗红，大量涌出，无搏动性是大静脉出血。

(3) 血液暗红，溢出或滴出是小静脉或毛细血管出血，小静脉和毛细血管出血是最常见的出血。

4.2.3　现场急救

外出血的现场处理就是止血，其方法有3种：压迫止血法，指压止血法，止血带止血法。一般情况下使用压迫止血法，如果效果不好可使用另两种止血法。

小静脉和毛细血管出血一般用消毒敷料压迫止血就能达到止血目的。

头面部出血首先使用压迫止血法，如效果不好，可根据出血部位采用指压颞浅动脉或颈动脉止血。

手指、足趾的出血应指压出血指（趾）根部两侧，手部的大出血可同时指压手腕部的桡、尺动脉。

前臂的大出血可指压肱动脉或腋动脉，还可在出血部位近心端采用止血带止血。

下肢大出血可指压掴动脉或股动脉，还可在出血部位近心端采用止血带止血。

现场止血后应立即转运伤员到医院，如果伤员失血较多，要警惕休克的发生，还应为伤员保暖，头高脚低位及心理支持。

4.3　头部外伤

4.3.1　概念

外力作用于头部的损伤为头部外伤。头部外伤的常见类型有以下几种。

（1）头皮损伤：头皮血肿，头皮裂伤，头皮撕脱伤等；

（2）颅骨损伤：颅骨骨折，骨膜下血肿等；颅骨骨折往往伴有头皮损伤，颅内出血，脑挫裂伤等，特别是脑挫裂伤和颅内出血，将会造成严重后果。

（3）脑损伤：脑震荡、脑挫裂伤、脑穿透伤、颅内出血等。

以上3种损伤可单独发生，也可混合发生。

4.3.2　现场判断

头部外伤一定要了解受伤的原因、外力的大小、方向、作用部位，是钝器还是锐器所致等。头皮撕裂伤较易判断，但由于头皮组织结构的特殊性，小的刺裂伤就可造成较多的出血。颅骨骨折特别是闭合性的颅骨骨折，现场判断较困难，需借助于X线诊断。

脑损伤一般可分为原发性损伤和继发性损伤。

（1）原发性颅脑损伤

指头部遭受暴力打击后出现的脑损害，包括脑震荡、脑挫裂伤和原发性脑损伤。原发性颅脑损伤发生后伤员立刻出现症状，如脑震荡导致一过性意识丧失（一过性意识丧失也称短暂意识丧失，患者一般在几秒钟至几分钟后清醒）、逆行性健忘（即伤者记不住受伤当时及以后的情况，但对受伤之前的情况能够清楚回忆）、头痛、恶心等。脑挫裂伤和原发性脑干损害则伤势较重，表现为头痛、恶心、抽搐、昏迷、高烧、及生命体征损害等。

（2）继发性颅脑损伤

指头部受外力打击之后，颅内血管遭到破坏，发生出血，经过一段时间的发展，形成颅内血肿，使脑神经受到挤压而出现的一系列临床表现。在颅脑损伤原因中，60%的伤者死于继发性脑损害。昏迷—清醒—再昏迷是继发性颅脑损伤的典型表现,即当某人清醒之后在医院检查未发现严重异常,回家后伤者再度发生昏迷。其实当患者受到第一次打击时,脑血管已经遭到破坏,血液正缓缓地从血管内流出,并逐渐在颅内聚集形成一团血块,称为颅内血肿(见图 4-3-1)。由于脑是一个密闭的腔体,没有缓冲的余地,所以血肿只能占用脑组织的空间,造成对脑细胞的挤压,脑细胞受压后发生缺氧肿胀,又对其他脑组织产生压力,这样形成了恶性循环,使颅内压力越来越大,脑神经功能受到严重影响,伤员生命垂危。昏迷—清醒—再昏迷这一过程中的清醒阶段,被称为中间清醒期。中间清醒期的时间越短,说明出血越快。出血量越大,病情越严重、越危险。有很多这样的例子:受伤后,"中间清醒期"使患者不去医院或医院的医生轻易放走伤员,由此耽误了治疗,造成了不该发生的严重后果。

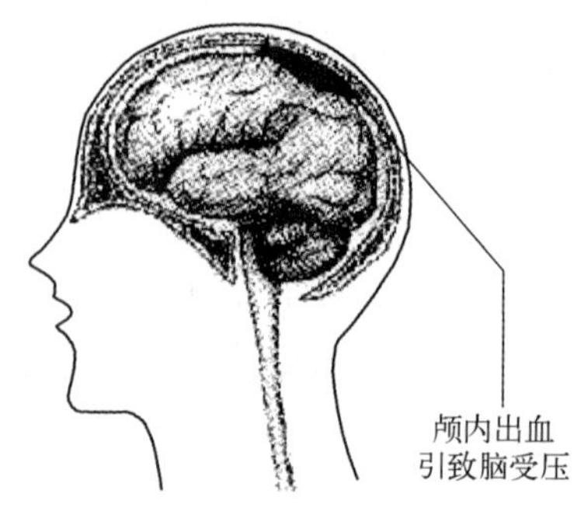

图 4-3-1 颅内血肿

较大外力造成的头部外伤疑有脑损伤时,一定要注意观察下列情况。

(1) 意识状态:有无烦躁,嗜睡,昏迷,逆行性健忘等。

(2) 生命体征:体温,脉搏,呼吸,血压。

(3) 自觉症状和体征:有无剧烈头痛、呕吐、视力障碍、偏瘫、感觉障碍等。

(4) 瞳孔改变:两瞳孔不等大、不等圆,极度缩小,极度散大等。

4.3.3 现场急救

当头部遭受外力打击之后,应立即对伤情进行判断并采取相应措施,原则如下。

(1) 小的头皮血肿无须处理,较大的头皮血肿应压迫局部,转送医院。

(2) 头皮的裂伤用敷料进行加压包扎后转运医院。

(3) 头皮撕脱伤会大量出血,应保存好撕脱的头皮,用大块敷料加压包扎,应立即转送医院,转送中应有良好的医护条件。

(4) 颅骨骨折现场判断困难,多数情况要处理它的伴发伤,如头皮裂伤,有锐器插入颅骨中,不要拔出,应由医生处理。颅骨骨折后淡红色脑脊液从鼻道、耳道外漏时,不可用棉球或纱布堵住鼻道或耳道,应局部消毒,转送医院。

(5) 疑有脑损伤的伤员应密切观察意识、生命体征及瞳孔改变,迅速处理头皮外伤,昏迷伤员应将伤员俯卧于担架上,清除口腔分泌物,将头部偏向一侧,防止呕吐及窒息,保持呼吸道通畅,迅速转送医院。转送途中应有良好的监护条件,一旦呼吸心跳停止,应立即心肺复苏。

对于头部遭到打击后发生短暂意识不清的伤员,即使在医院经过检查,甚至经过 CT 检查未发生问题者,也不能放松警惕。因为正像上面所讲到的,有的伤员在颅内血肿初期可以没有任何表现,CT 检查可能也查不出来。所以应该密切观察病情,在 24 h 内有人陪同伤员,最好不要远离医院,并准备好交通工具,以便病情变化时可以随时尽快把伤员送到医院。

4.4 脊柱损伤

4.4.1 概念

脊髓是人体信息传递的总枢纽，所有的外界信息都是先由末梢神经传到脊髓，再通过脊髓传给大脑，大脑发出的所有指令也都通过脊髓传到全身各个器官。脊髓是大脑与全身各组织之间信息传播的主要通道。这个通道的任何一处都不能中断，如果中断，中断处以下的身体部位再也不能受到大脑的支配，大脑也再也不能感受到这些部位发出的信息。于是，这些部位既没有感觉，也不能运动。

尽管脊椎骨十分坚硬，脊椎骨之间有坚强的韧带相连，脊柱外还有层层肌肉保护，但是，如果外界暴力作用大于脊柱的保护机制，就会产生脊柱损伤。如果在这时对伤员进行盲目地、不合理地搬动，就有可能加重脊髓的破坏，甚至造成伤员的截瘫。

4.4.2 现场判断与现场急救

应了解伤员受伤史，了解伤员是否有脊柱外伤，应先使病人平卧，用手从颈后、背后伸入衣服内沿脊柱上下检查有无压痛点、局部肿胀、畸形及棘突分离现象。不要脱衣检查，尽量少动伤员，尤其不能扶伤员坐起及颈部活动。昏迷病人应常规检查以免漏诊，对躯干和四肢感觉麻木、过敏、四肢功能失常、瘫痪、大小便失禁者均应警惕，怀疑有任何一段脊柱骨折的病人，一律按脊柱骨折方法处理。

脊椎损伤现场急救的主要任务，就是尽快将伤员转送到医院，其关键是正确的搬运技术。

事故发生之后，只要怀疑有脊柱损伤，就应该采取如下做法。

(1) 紧急呼救。

(2) 禁止病员坐起或站立。

(3) 禁止进行脊柱各个方向的转动。

(4) 避免不必要的搬动病员。

(5) 禁止一人背或两人抬的运送方式。

(6) 颈下与头部两侧垫物，禁用枕头。

搬动伤员时，只能将伤员托起，不能拉起，严禁任意像“拔萝卜”一样的动作(见图 4-4-1)，尤其禁止一人抱腿，一人搂胸的抬人方法(见图 4-4-2)。

图 4-4-1 严禁动作：拔萝卜图

图 4-4-2 严禁动作：一人抱腿一人搂胸

4.4.2.1 颈椎骨骨折或脱位

伤员可表现出头向前、颈曲、下颏偏向一侧肩部、局部疼痛、压痛等。下颈椎骨折若神经损伤,可发生四肢瘫痪,出现呼吸困难、心率慢、高热、神志不清。

(1) 颈椎与头部连接,颈椎外伤同时要注意颅脑和颌面部外伤,注意有无昏迷、五官出血或漏液,有呼吸困难者要及时清理口腔内分泌物,保持呼吸道通畅。

(2) 绝对平卧,不要抬头、转颈、坐起、行走或翻身脱衣,下颈椎的骨折若活动头部可引起四肢的瘫痪、大小便失禁,上颈椎损伤若活动头部可引起呼吸停止,甚至死亡。

(3) 必须由两人以上完成搬运工作,其中一人要在伤员头部,双手扶住伤员头部两侧,向上牵引,另一人用衣服、绷带、纱布等圆圈置于颈后部以免头颈部滚动。

(4) 用较多的书籍或沙袋、较硬的枕头放于颈部的两侧,用绷带将伤员的额部、固定物一起固定在担架上,以避免头部活动,颈下可放小枕,最好将上下肢、躯干与担架固定,以免搬运时引起头颈部晃动。

4.4.2.2 胸腰椎骨骨折

出现腰痛及运动功能障碍,局部肿胀压痛,并出现骨性畸形、棘突分离等。胸腰部的脊髓神经损伤后,可出现下肢瘫痪、感觉丧失、皮肤反射消失、尿潴留。

(1) 胸腰椎损伤伤员的搬运,要求用硬板担架,如确无硬板担架,可将伤员抬到木板上再抬到软担架上。

(2) 搬运时应有 3 个以上抢救者,分别跪在伤员的肩、腰、膝部,一人托住肩胛部,一人扶住腰部或臀部,另一人扶住并伸直而并拢的两下肢,三人同时行动,保持脊柱在同一轴线上,将病人滚到或抬到木板或门板上,在腰部伤处可垫一个高约 10 cm 的小垫,以保持胸腰部位的伸直,防止脊髓损伤,用绷带将伤员的肩部、双上肢连同腰部及臀部固定于硬质担架或木板上,门板或硬质担架可直接搬运。

4.5 胸部损伤

4.5.1 概念

胸部损伤常因暴力挤压、冲撞、钝器碰击、锐器刺入或高压气浪所致。根据胸膜与外界相通与否,分为开放性和闭合性损伤两类。按受伤的部位程度不同,分为胸壁损伤、肋骨损伤、胸腔内血管和脏器损伤。

其中胸壁损伤常见胸壁软组织损伤、肋骨骨折、胸壁血肿等,胸腔内脏器损伤常见肺挫裂伤、心脏损伤,气管、支气管损伤、食管损伤等。另外由于胸壁与外界相通或气管、支气管的破裂还可造成气胸、血胸、血气胸。胸腔内脏器的损伤或血气胸等可严重影响呼吸循环功能,造成生命危险。

4.5.2 现场判断

首先是了解受伤史,如原因、暴力大小、作用部位。伤员有咯血、呼吸困难、脉搏细数、出冷汗、烦躁不安等都是内脏器官严重损伤的表现。

观察伤员胸部有无伤口，有伤口并有气流声是开放性气胸。胸部损伤后其表现是：胸痛、局部压痛、呼吸困难、休克等。胸壁软组织的损伤，疼痛明显，常导致活动受阻。肋骨骨折除胸壁损伤的表现外，还根据肋骨骨折的数量和程度出现相应的表现。肋骨骨折容易发生在4～7肋，单根、单处或多根、单处的骨折，主要是剧烈疼痛和呼吸运动受限，并在呼吸、咳嗽运动时疼痛加剧，甚至发现局部骨性畸形。现场急救主要是制动、止痛为主。多根、多处的肋骨骨折，使骨折局部的胸壁失去支撑，可以造成胸壁软化，出现胸壁的反常呼吸，即吸气时骨折处胸壁不外鼓反而内陷，呼气时骨折处胸壁不内陷反而外鼓。反常呼吸严重影响呼吸循环功能，必须迅速控制。

4.5.3 现场急救

胸部损伤后出现咯血、呼吸困难、脉搏细数、出冷汗、烦躁不安的伤员，应该立即保持伤员呼吸道通畅，及时清理呼吸道分泌物，用担架转送医院，转送途中要给氧、补液、观察病情变化。发现开放性气胸时，应迅速用大块敷料堵住伤口，并用胶布紧紧固定，使开放性气胸变成闭合性气胸，迅速转送医院。发现伤员在呼吸时胸部骨折处作反常运动应立即用大块厚的敷料或沙袋压迫，骨折处并用胶布固定，控制反常运动后，转送到医院。

4.6 腹部损伤

4.6.1 概念

腹部在直接或间接的外界暴力作用下，可引起腹腔内脏器的损伤。腹腔与外界相通的损伤为开放性损伤，反之为闭合性损伤。如果是腹腔内实质脏器损伤，如肝、脾破裂则表现为内出血，伤员可早期死亡；如果是腹腔内空腔脏器损伤，如胃、肠道破裂则表现为腹膜炎，伤员往往晚期因多器官功能衰竭而死亡。

4.6.2 现场判断

现场实际判断有无腹腔脏器损伤时比较困难的，因此只要伤病者有明确的腹部受伤史，出现了相应的受伤表现，都应按照腹部损伤的伤情处理。

在进行现场判断时首先应了解受伤史，如原因、外力大小、方向、作用部位等。较大外力作用于腹部，应考虑有腹部损伤的可能。内脏实质器官如脾、肾、肝的损伤主要是以出血性休克为主，表现为伤病员脉搏细数、四肢湿冷、烦躁不安、血压下降，还可出现打哈欠、口渴、尿量减少，腹痛呈持续性，一般不严重。内脏空腔器官如胃、肠的损伤主要是以腹膜炎为主，表现为腹部剧烈疼痛、有明显压痛和反跳痛。如果实质器官和空腔器官都有损伤，上述两种表现都会出现。

4.6.3 现场急救

腹部外伤的伤员严禁喝水、吃东西，抢救者应为伤员保暖。伤员为开放性腹部损伤应迅速用敷料覆盖伤口，有肠道膨出者，不要设法还纳，用生理盐水清除污物，用无菌或干净白布、手巾覆盖，以免加重感染，或用饭碗、盆扣住外露肠管，再用布带或三角巾与腹部固定，进行保护性包扎。再如腹壁伤口过大,大部肠管脱出,压迫肠系膜血管时,可清除污物后将肠送入腹腔,覆盖伤口包扎。插入到腹腔内的异物,不能拔出,留待医院处理。腹腔脏器损伤往往需要外科治疗,现场的急救手段十分有限,应尽快将伤员送往医院。

转送过程中伤员如腹痛明显,转送时伤员可屈曲下肢以缓解疼痛,转送途中应严密观察伤员,应保持气道通畅,使呼吸正常,注意观察伤员有无休克表现,发现有出血性休克表现时,必须转送同时行抗休克治疗,如补液、给氧、使用药物治疗等。转送途中不能给伤员进食、进水。有时实质器官的损伤,出血在器官的包膜下,速度缓慢,一旦包膜破裂,出血速度突然加快,伤员马上休克。所以腹部受伤后,原则上都要到医院做进一步检查,避免漏诊和误诊。

4.7 四肢损伤

4.7.1 概念

四肢损伤是常见损伤,可表现为软组织损伤、大的血管神经损伤、骨折、断指(趾)、断肢、手外伤等。四肢的一般性损伤,用止血、包扎、固定的方法多可达到现场急救的目的。对断指、断肢的伤员要特别小心,手是最重要的劳动器官,损伤后致残的可能性很高,会严重影响伤员今后的生活质量。

4.7.2 现场急救

四肢损伤的现场救护要点是:止血,特别是有大出血时,首选止血带止血。无止血带时可用布条、棉腰带、长手巾等代用。

如动脉出血不止时,用止血钳夹住血管残端止血,夹时尽量少夹,以利血管吻合。伤面要用盐水冲洗干净,用无菌或干净纱布覆盖包扎。有条件时注射抗生素、破伤风抗毒素以预防感染和破伤风。

肢体离断伤的急救方法(见图 4-7-1):

(1) 使伤者平躺,垫高双脚,尽早拨打急救电话叫救护车。

(2) 使用间接压迫法,按压残肢伤口上部动脉来止血。

(3) 在残肢伤口处包上足够的衬垫,千万不要将断口弄脏了。

(4) 包扎、固定伤口,如果可能,应抬高受伤的部位。

(5) 检查伤病者的 ABC 三步骤情况,即畅通气道、检查呼吸和脉搏情况。如果必要,对其实施人工呼吸、心肺复苏术 CPR,并控制大出血。

图 4-7-1 离断肢体保存运送

(6) 完全断离的肢体,如果污染严重,应立即用清水冲洗已经断下来的肢体,否则不要用清水冲洗断肢。断离的肢体需要用无菌纱布或干净布带包扎,将断指(趾)、断肢包裹在塑料袋中，周围用冰块围起（不能将断肢泡在水中），连同伤员立即送医院抢救。

（7）对未完全断离的肢体，应用净水冲洗伤口，用无菌或干净的白布等覆盖包扎，在肢体旁放冰块后外运。

离断肢体处理要点：

（1）千万不要用水清洗残肢。

（2）千万不要将断肢直接接触冰块。

（3）离断的肢体如污染不严重不要冲洗、浸泡，也不要用酒精、甲醛等消毒。

4.8　创伤失血性休克

4.8.1　概念

休克是人体的有效循环血量相对或绝对减少而导致的组织器官功能障碍，是一种非常危险的情况。

创伤失血性休克是人体受到外伤后，由于大出血、疼痛、恐惧、寒冷等多种综合因素造成的休克。

4.8.2　现场判断

创伤失血性休克一定要了解受伤史，严重的胸腹外伤、骨盆骨折、四肢骨折都可引起创伤性休克，出血量在 800 mL 以上可能发生休克。

休克伤员常有下列表现：皮肤苍白、出冷汗、脉搏细数、静脉萎陷、虚脱、口渴、呼吸困难、烦躁不安甚至出现意识障碍。

4.8.3　现场急救

创伤失血性休克的现场急救主要是消除或减少因创伤导致休克的因素，如外出血、骨折、疼痛等，并尽快转运伤员到医院。针对不同的伤情立即为伤员包扎、止血、固定等。休克伤员多有寒冷，注意为伤员保暖。安慰伤员并给予心理上支持，消除伤员恐惧心理。迅速转送伤员到医院，转送时应注意采取头和脚都抬高 30°的休克体位，同时应补液、给氧。

4.9　电损伤

电流通过人体所造成的损伤称为电损伤（electric injury）。其中造成的全身性损伤称为电击伤（俗称“触电”），造成的局部性损伤称为电烧伤。

4.9.1　概念

人的身体是导体，可以传导电流。触电后，电流通过人体，轻者可造成全身麻木不适，重者可损害心脏和大脑，导致心脏跳动异常甚至心跳停止，使大脑发生呼吸抑制直至呼吸停止，若不及时抢救，可很快死亡。电流还可对人造成电烧伤，皮肤可呈现黑炭状。

触电对人体损害的严重程度主要取决于电压、电流强度及电流种类等因素。电压越高，穿透皮肤的能力越强，对人的危害越重，高压电可迅速引起呼吸停止。电流强度越大，对人体的损害也越大，0.02～0.025 A 的电流可使人的肌肉抽筋，0.05 A 可使人感到呼吸困难，0.1 A 则对心脏有严重影响，交流电比直流电对人的危害性大 3 倍。另外，触电时间越长，对人的危害越重，见表 4-9-1。

表 4-9-1 50～60 Hz 交流电 1 秒引起的生理效应

电流强度/mA	人体反应
0.5～1.5	手指麻木，刺痛感
5	安全电流
10～20	最大摆脱电流
20～25	肌肉强直收缩，呼吸困难
30～50	强烈痉挛，心律失常，昏迷
80～90	呼吸肌麻痹，形式心室颤动
90～100	心脏停搏
1～2A	持续性心肌收缩

发现有人触电，切不可惊慌失措，必须尽快采取正确的急救方法。

4.9.2 现场判断

电损伤有以下两种表现。

(1) 全身性损伤

轻症者意识清楚，有头晕、心慌、面色苍白、四肢软弱、全身乏力等；重者伤员呼吸中枢受抑制，呼吸不规则，甚至呼吸停止，电流通过心脏使传导系统发生紊乱，出现心律不规则，心室纤维颤动，全身发绀，心跳停止，转入“临床死亡期”，持续时间久便可发展为“脑死亡”或“生物学死亡”。

(2) 其他损伤

可出现失明、耳聋、精神障碍、截瘫等，高空作业者电击伤后坠地，可有颅脑外伤、胸腹部内出血及骨盆、四肢骨折等。

局部电烧伤的特点：烧伤中心部位有黑色炭化区，外围有部分凝血的潮红带，某些电烧伤外表损伤轻、浅、小，但深部组织损伤严重或有“夹心样坏死”。

4.9.3 现场急救

现场急救主要是强调就地心肺复苏，急救原则如下。

(1) 迅速脱离电源，若出现心跳呼吸停止应立即给予心肺复苏。

一般方法有：

1) 迅速关闭开关，切断电源；

2) 用绝缘物品挑开或切断触电者身上的电线、灯、插座等带电物品。在切断电源之前，抢救者切不可用手直接拉拽触电者和电线，更不可用金属物品或潮湿的东西去解救触电者，因为这些东西是良好的导体，不但不能救触电者脱险，反而使自己触电。

(2) 伤员脱离电源要根据当时的具体条件而定，其基本方法有 3 种：使用绝缘体、切断电源、造成断路。必须注意的是有些设备有二路供电系统，切断一路电源后，另一路电源自动启动送电造成抢救者和伤员的二次触电。

(3) 轻症伤员意识清楚者，应平卧休息，不让患者自行走动，以防止增加其心脏负担，观察其呼吸脉搏的变化，若病情加重应迅速请医务人员诊治。

(4) 对重症昏迷者，应用仰头抬颏法开放气道，进行口对口人工呼吸，有微弱的呼吸者也应进行人工呼吸,否则缺氧过久可引起心跳停止。对昏迷但有微弱呼吸无心跳或心跳呼吸同时停止者,应立即作心肺复苏急救,首先应做胸外心脏按压,同时辅以人工呼吸,转送医院途中仍需继续进行。

(5) 电损伤的伤员,一定要首先处理电击伤,后处理电烧伤。要注意保护创面,用消毒灭菌的敷料或清洁衣物、被单等包扎创面。

(6) 注意伤员有无复合伤、骨折、胸腹内出血、颅脑损伤、脊柱外伤等合并症的防治,及时将伤员送往医院。

4.10 中 暑

4.10.1 概念

中暑(heat stroke)是由高温环境引起的体温调节中枢功能障碍,汗腺功能衰竭引起人体的产热和散热平衡失调,进而体液调节中枢功能紊乱所产生的一系列症状称为中暑。

人体的热能主要来源于食物在身体内经过氧化、代谢产生的热,人体的体温是通过体温调节中枢,使人体的产热和散热处于平衡,人体的正常体温一般在 37 ℃以下。人体散热的三种方式中辐射、传导和对流占人体散热量的 70%,皮肤蒸发散热约 14%,交换散热约 11.5%,通过大小便散热约 1.5%。

工作人员在温度高于 30 ℃和湿度较高的环境下作业时,如无足够的防暑降温措施,就有可能发生中暑。另外身体状态不良,营养状况不好、睡眠不足、饥饿、肥胖、某些药物等都是中暑的诱发因素。

4.10.2 现场判断

发现伤员应首先了解是否存在高热、高温工作环境。然后根据伤员的表现判断是否出现中暑。

先兆中暑者常表现:大量出汗、头昏、心慌、四肢无力。

中暑伤员表现:意识障碍、呼吸加快、脱水、全身无汗、发烧、抽搐。

根据我国《职业性中暑诊断标准》(GB 11508—89),将中暑分为 3 级。

(1) 先兆中暑:在高温环境下劳动一定时间后,出现头昏、头痛、口渴、多汗、全身疲乏、心悸、注意力不集中、动作不协调等症状,体温正常或稍有升高。

(2) 轻症中暑:除有先兆中暑症状外,出现潮红、大量出汗、脉搏加速、体温升高。

(3) 重症中暑:出现热射病、热痉挛和热衰竭等,其主要表现如下。

1) 热痉挛:在高温环境中从事体力劳动者饮食中盐分不足,出汗过多,使体内丢失大量盐分而发生随意肌痉挛,通常以小腿的腓肠肌、腹肌最易发生痛性痉挛,也有膈肌痉挛而影响呼吸的情况。

2) 日射病:多见于在烈日下和高温热辐射车间工作的人。这主要是由于工作人员的头部在强烈日光下曝晒过久,日光中的红外线穿透颅骨,使脑部受热充血。主要表现为:头痛、头晕、呕吐、烦躁、呼吸由深变浅、脉搏快而弱、体温微升或不升高,严重时可惊厥、昏迷。

3) 热射病:人员在热辐射或高温的环境劳动时,由于体内积聚的热能过多,散热受阻、汗闭,可使体温调节发生障碍。症状初为头痛、头晕、心悸、恶心、烦躁,严重时体温明显升高、抽搐、昏迷、大小便失禁、呼吸循环衰竭而死亡。

上述情况可以分别发病,也可以混合发病。体内盐分丢失过多,摄入盐分过少的人在烈日下劳动也可以发生日射病。

高温作业允许持续接触热事件限值如表 4-10-1 所示。

表 4-10-1 高温作业允许持续接触热事件限值 min

工作地点温度/℃	轻劳动	中等劳动	重劳动
30～32	80	70	60
>32～34	70	60	50
>34～36	60	50	40
>36～38	50	40	30
>38～40	40	30	20
>40～42	30	20	15
>42～44	20	10	10

4.10.3 现场急救

中暑是严重危害人类健康和生命的急症,一旦发生中暑又得不到及时治疗,病情往往发展很快,一些患者在一小时以内就从先兆中暑发展成为重症中暑,而且中暑可以导致其他疾病的发生或加重其他疾病的病情,有时虽然中暑得到纠正,但患者却因其他疾病死亡。因此发生中暑后,除及时拨打急救电话,应采取及时有效的自救措施,中暑的急救原则是立即脱离热湿环境,迅速降低体温,补充水和电解质。

中暑的急救措施如下。

(1) 改善患者的身边环境。

在野外时要迅速将患者移至阴凉处,避免阳光直射;如在密闭的室内要加强通风,有条件时将患者移至有空调处。

(2) 迅速降低患者的体温,这是治疗中暑的根本。

其方法有:

1) 冷敷:用凉水或冰水毛巾敷于患者的头部、颈部、腋下、大腿根处等,还可以将冰块或市售的冰糕砸碎装入塑料袋中为患者冷敷。

2) 水浴:将患者浸泡于冷水中,同时要不断按摩患者四肢及全身,加强血液循环,冷水擦身加电扇吹风,这些都是降温的好方法。清醒伤员可口服含盐凉开水、矿泉水等,还可以服用人丹、十滴水、太阳穴外擦风油精、清凉油等。

(3) 补充水分:给患者饮以冰的淡盐水或其他清凉饮料,但注意不要在短时间内饮用过多,一般一小时内不超过 1 000 mL(约两大杯)。

1) 肌肉痉挛者可用中等力量按摩。

2) 对体温升高、神志不清、抽搐等重度中暑者应迅速采取降温措施,如用温毛巾放于其额部、颈、四肢大血管处并及时更换，还可用30%～50%的酒精进行四肢擦浴，还可用冰袋在头部、腋下、腹股沟区降温、还可以到医疗中心用冷水浴盆轻泡。需要注意的是在降低体温的同时要迅速转送医院。

(4) 拨打急救电话叫救护车。

(5) 监察伤病者的ABC三步骤情况。如有必要，对其实施人工呼吸或心肺复苏术CPR。

(6) 当其体温降到38 ℃(舌下温度)或37.5 ℃(腋下温度)以下时，换上干床单，小心观察伤病者直至救护车到来。

(7) 医生到来后要把患者尽快送医院。将神志不清的伤员转送医院途中，应注意观察呼吸、脉搏情况，保持降温措施，对老弱者更应警惕病情的变化。

4.11　化学及热力烧伤

皮肤覆盖在人体的表面，约占体重的14%～17%，是人体最大的器官，具有保护体内组织，防止外来病菌及有害物侵入，排泄废物，调节体温和感受冷热痛觉等刺激的功能，使人体与外界环境相适应，保持体表正常的外形，但其再生能力有限，皮肤缺失常需植皮治疗。

皮肤是人体的重要器官，有排泄体内废物及毒物、调解体温、感受外界刺激的功能，更重要的是，皮肤覆盖在人体表面，是人体抵御外来致病微生物的天然屏障。

可以将皮肤分为几层，最表面的皮肤被称为表皮，表皮可以分为两层，即表皮浅层和表皮深层，表皮之下是真皮，真皮也可分为浅层和深层，真皮下面是皮下组织，再往下就是筋膜和肌肉了(见图4-11-1)。

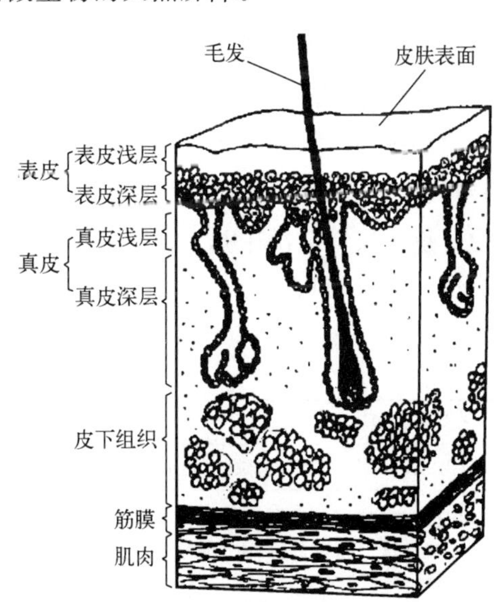

图4-11-1　皮肤示意图

4.11.1　烧伤原因

由热力引起的组织损伤统称为烧伤(burn)，如火焰、热液、热蒸汽、热金属等。电、化学物质、放射线引起的组织损伤也属烧伤范围。按不同的致伤因素，烧伤种类包括以下几类：

(1) 热力烧伤：多见于日常生活和意外事故，例如瓦斯爆炸、火灾等所造成的伤害，或其他接触性、摩擦性灼伤、热蒸汽、热水或热油等都会造成烫伤。

(2) 化学烧伤：由化学物质(酸、碱、磷等)引起的意外事故多见。

(3) 电烧伤：多因违反操作规程或缺乏用电知识而发生的意外事故，由以下两种原因引起：

1) 电接触性烧伤：人体某部位触电后，电流通过人体而致伤，其烧伤部位有进口和出口。

2）电弧烧伤（又称电火花烧伤）：人体接近高压电后，瞬间产生的电弧，和衣服接触后引起燃烧而致烧伤。

（4）放射性烧伤：战争时由于使用原子弹，氢弹，核爆炸时，所落下灰尘沾染皮肤，清洗不彻底，不及时而引起的。平时，由于操作不当，不重视防护，或意外事故的发生，都可以发生放射性损伤，如X射线、钴-60、加速器等。

4.11.2 现场判断

现场急救是烧伤后最早的治疗环节，现场急救是否正确及时，转送方法和时机是否得当，直接关系到伤员的安危。救治得当，可减轻病人的损伤程度，降低并发症的发生率和死亡率。若处理不当常导致烧伤加重和贻误抢救时机，给入院后的抢救带来困难。所以烧伤后现场急救，针对不同的烧伤原因，采取不同的措施尤显重要。现场主要根据烧伤的面积及深度来估计烧伤的严重程度。

4.11.2.1 烧伤面积的估计

小面积烧伤采用手掌法：以伤员手掌并拢为准，一掌为1%。

大面积烧伤采用华氏法：（见表4-11-1）。

表4-11-1 烧伤面积估计表

部 位	面积/%	华氏九分法/%
头面 颈部	6 3	1×9=9
双手 双前背 双上臂	5 6 7	2×9=18
躯干前 躯干后 会阴部	13 13 1	3×9=27
双足 双小腿 双大腿 双臀部	7 13 21 5	5×9+1=46

4.11.2.2 烧伤深度初步判断

烧伤深度取决于热力的高低和接触时间的长短，开水温度一般为100 ℃，可造成Ⅱ度烧伤，见表4-11-2。

表4-11-2 烧伤初步判断

烧伤深度	特 点	愈 后
Ⅰ度（红斑型）	红斑、微肿、灼痛、无水疱、干燥、感觉过敏、常有烧灼感	可自行愈合，不留疤痕
Ⅱ度（水疱型） 浅Ⅱ度	水疱（水疱大、皮薄、透明，去皮后创面湿润、创底鲜红）、感剧痛、轻度肿胀、拔毛试验痛、温度增高	无感染，1～2周可自行愈合，无疤
Ⅱ度（水疱型） 深Ⅱ度	水疱（较小，去皮后创面微湿，淡红色或白中透红，有时可见红色小点或细小血管支），水肿明显，感疼痛，拔毛微痛，局部温度略低	3～4周可痂下愈合或需植皮，有疤
Ⅲ度（焦痂型）	焦痂、炭化、深达皮下肌肉层，疼痛消失，感觉迟钝	愈合后有疤痕和功能障碍，需植皮

烧伤的严重程度根据烧伤的面积、深度、部位以及全身的表现来判断：

（1）轻度烧伤：Ⅱ度烧伤面积<10%。

(2) 中度烧伤：Ⅱ度烧伤面积10%～30%，或Ⅲ度烧伤面积<10%。

(3) 重度烧伤：Ⅱ度烧伤面积31%～50%，或Ⅲ度烧伤面积10%～20%。

(4) 若Ⅱ度烧伤面积达不到30%～50%，Ⅲ度烧伤面积达不到10%～20%，但出现下列情况时也列为重度烧伤的范围。

1) 全身情况较重或已出现休克的伤员。

2) 呼吸道烧伤(吸入性损伤)，有呼吸道肿胀产生窒息和化学烟雾中毒的危险。救护员应密切注意伤员的呼吸道是否通畅，判断和观察伤员有无处在相对密闭的燃烧现场；伤员有刺激性咳嗽，或咳出炭末痰；鼻孔有灰烬阻塞，鼻毛烧焦，特别是用镊子拔鼻毛无痛觉、轻易拔除，面、颈、口鼻周围常有深度烧伤；伤员声音嘶哑，呼吸困难等。

3) 面部烧伤，会造成毁容。

4) 会阴部烧伤，会严重影响人体的某些功能。

5) 复合伤、或伴有骨折软组织的损伤

6) 电烧伤，可以由雷电或高、低压电流所致，电击可导致心脏骤停。判断方法：失去知觉；深度烧伤，电流出、入口处有肿胀、焦糊现象；休克现象；如果伤者被高压电弧所伤，其皮肤表面流有棕色或铜色的残留物。

(5) 特重度烧伤：Ⅱ度面积>50%，或Ⅲ度烧伤面积>20%。

4.11.3　现场急救

4.11.3.1　烧伤的现场急救原则

急救原则：迅速解除致伤因素，及时进行抢救，做好转院的准备工作。

(1) 脱离致伤源

1) 帮助伤员尽快脱去着火的衣服，如来不及脱衣时，伤员应立即卧地慢慢打滚压灭火焰，切勿叫喊，以免吸入性损伤，更不可奔跑，否则风助火盛，越烧越旺。

2) 不要用手直接拍打火焰，以防手部烧伤，可用手边的材料如大衣、毛毯、棉被等压灭火焰，但不能用易于着火的油布、塑料单等。

3) 以水灭火最有效，也可跳入附近的水池内、浅的水沟里。

4) 汽油类燃烧时，立即用湿布覆盖，以隔绝空气灭火。热液、沸水烫伤时，应立即脱去或剪去烫湿的衣服，以免继续受热致伤。

5) 伤员脱离致伤源后，应迅速脱离现场，转移至安全地带，以免再次烧伤。对于中小面积的肢体浅度的烧伤，可以立即浸入冷水中30 min，可减轻损伤和止痛。对酸、碱或腐蚀性化学烧伤及放射性物质沾染时，应立即除去浸渍、沾染的衣服，用大量清水冲洗15～20 min，眼部有损伤时应优先冲洗。

(2) 脱离致伤源以后的急救处理

危重病人发生心跳呼吸停止者，应在现场进行心肺复苏，有出血者设法止血，有骨折者给予固定。因火焰或化学品造成呼吸道烧伤发生呼吸困难时，应仰头抬颏，保持气道通畅。紧急情况下，可在环状软骨处插入粗针头以利通气，有条件时给氧。

(3) 创面处理

保护好创面，是烧伤现场急救的重要一环，它直接影响伤员入院后的进一步的治疗。主要注意点有：不要自行挑破水疱，小水疱可以自行吸收，大水疱留给医生处理，对大的创面，仅用干净的布覆盖即可，还可用干净的塑料食品袋或厨房的保鲜膜等，以减少二次污染。在大创面上严禁自行涂抹任何药物，尤其是带颜色的药物，如紫药水、红药水等，涂这些药物不仅于事无补，而且还会掩盖病情，给医生的后续治疗带来极大的麻烦。

注意：切忌不经冲洗就将烧伤病人送入医院。

(4) 补液和止痛

可口服烧伤饮料，不宜大量喝开水以免引起水中毒。可口服镇静止痛剂、抗生素，大面积烧伤争取医务人员给予输液和止痛。

4.11.3.2 烧伤后转送的注意事项

转送烧伤病人的注意事项如下。

(1) 轻度或中度烧伤休克发生率较低，重度和特重度型烧伤病人途中可能发生休克，路途较远或转送时间较长时也可加重病情，故应在途中继续输液。如条件不允许，可在转送途中或在中转站较快地补充部分液体后再转送(分段输液法)，液体以平衡液、生理盐水为主，切忌单纯用葡萄糖水或口服大量开水。

(2) 对老年、婴幼儿、有合并伤或吸入性损伤的伤员转送更要慎重。头颈部深部烧伤或吸入性损伤的病人，在转送中可能发生气道受阻致呼吸困难，最好先作气管切开，危重病人最好有医务人员护送。

(3) 转送途中密切观察脉搏、呼吸和尿量，重症病人应导尿记量，以助于了解休克情况。

(4) 转送工具要求平稳，尽量避免颠簸，注意防寒、防暑、防尘、防污染，已包扎的创口不轻易打开，不论用汽车还是飞机转送，途中始终都必须保持病人头低足高位，以免急性脑缺血。

4.11.4 化学性烧伤

4.11.4.1 化学性烧伤的特点

可致伤的化学物质种类很多。在平时，化学烧伤多发生于工厂事故、实验室事故或其他场合下对化学品处理失误时，人体接触强酸类、强碱类或磷等化学物质。多数化学物质对局部的损伤作用，主要是使组织脱水和蛋白变质，有的可产生高热烧灼组织。另外，有的化学物质还可从伤处吸收入体内引起损害或中毒。由于各种化学烧伤的病理生理和临床过程有差异，处理时应首先了解致伤物种类，方能采取相应的措施。

(1) 强碱烧伤：由于碱与脂肪的皂化作用，损伤较深，创面较湿，深度可达Ⅲ度。

(2) 强酸烧伤：由于烧伤后形成组织焦痂，阻碍了进一步损伤，所以损伤较浅，创面较干，不起水疱，Ⅱ度较多见，其特征是长时间的剧烈疼痛。

(3) 氢氟酸烧伤：初为红斑，迅速变白，水肿，继之呈淡灰色，形成果酱色水疱，可深达骨骼，有“口小肚大”的特点，氟化物可致凝血障碍。

(4) 其他强酸烧伤：盐酸形成黄色焦痂、硝酸形成褐色焦痂、硫酸形成炭黑色焦痂。

(5) 中度以上的烧伤以及眼、呼吸道、消化道的烧伤都是严重烧伤。

4.11.4.2 化学烧伤的现场急救

化学烧伤的现场急救主要有以下几个方面(见表 4-11-3)。

表 4-11-3 几种常见的化学烧伤的特点、机理和急救方法

类别		机理	表现	急救
酸烧伤	高浓度强酸(硫酸、硝酸、盐酸)	可从伤处组织细胞吸收水分,并与蛋白质结合成酸性蛋白盐。后者沉淀凝固,创面迅速成痂(无水疱),可限制其深部侵蚀作用	创面初期呈黄色或棕黄色,硫酸烧伤者色较深;后期转为棕褐色或黑绿色痂,常较硬,凹陷。除了烧伤较浅(达真皮浅层)者以外,较深者自然脱痂迟缓	强酸烧伤后不要用碱液中和,伤后立即脱去酸液浸湿的衣服,用干净的毛巾小心擦除皮肤表面残余酸液,然后用大量清水冲洗创面20 min以上,再用5%苏打水洗烧伤处,试验中性后保持创面清洁干燥
	石炭酸烧伤	可浸透进入血循环而损害肾等	创面开始时呈白色,后转为灰黄色或青色	伤后立即脱去酸液浸湿的衣服,用干净的毛巾小心擦除皮肤表面残余酸液,最好以70%酒精或白酒清洗
	氟氢酸烧伤	此酸除了使蛋白变质,还有溶解脂质、破坏细胞膜、脱钙(使骨破坏)等作用,所以伤处组织坏死会继续扩展加深,疼痛较剧,可形成溃疡	创面开始呈现红斑或有水疱	伤后立即脱去酸液浸湿的衣服,用干净的毛巾小心擦除皮肤表面残余酸液,随即用含钙或镁的制剂,使与残存的氟氢酸化合成氟化钙或氟化镁,如用氧化镁甘油软膏涂布、氯化钙或硫酸镁湿敷。也可用10%氨水敷料(使与氢氟酸化合成铵盐)。创面其余处理方法同上
碱烧伤	强碱高浓度强碱(氢氧化钠、氢氧化钾)	此酸除了使组织细胞脱水,与组织蛋白结合成可溶性碱性蛋白盐,并可使脂肪皂化。后两项作用导致强碱烧伤向深部和周缘组织侵蚀(与强酸烧伤有所不同)	伤后创面黏滑或有肥皂样痂,有的有小水疱。坏死组织脱落后,创底较深、边缘潜凿,疼痛较剧。除非积极处理,此类伤口愈合甚慢	碱烧伤后应立即脱去碱液浸湿的衣服,同时用大量清水冲洗创面20 min以上,不可使用酸性中和剂,注意不可将伤处浸泡在水中。干石灰、火碱等强碱与人体接触后,应将干石灰或强碱拭净后,再用大量清水冲洗
	生石灰和电石的烧伤	石灰和电石遇水会放出大量热量	有碱性和热力烧伤两种表现	首先掸去伤处的颗粒、粉末,随即以大量清水浸浴或流水冲淋,以减轻热力损伤程度。头面被石灰烧伤时常累及眼和上呼吸道,应特别重视。眼部要立即用大量流动清水冲洗,20~30 min,呼吸道吸入石灰粉末后,应保持其通畅,呼吸困难时给氧
磷烧伤		磷颗粒在体表自燃造成烧伤	伤处灼痛剧烈,迅速成焦痂	用水浸浴或持续冲淋,一边拭去磷颗粒,隔绝空气以防磷氧化燃烧加深烧伤。随后用1%硫酸铜冲洗和湿敷,可与磷化合成黑色磷化铜和磷酸铜,再用水冲去。若已存在磷中毒症象,按磷中毒急送医院诊治

(1) 首先要了解事故情况,迅速作出化学物质的判断,切忌直接去接触被沾染的皮肤和衣物,不得用毛巾、布片擦拭,以免化学物扩散。

(2) 迅速去除受污染的衣服、袜、手表、饰物等。

(3) 立即用流水冲洗创面,冲洗时间应在 15~20 min,伤势重者冲洗的水压不能太大。

(4) 对酸类烧伤(盐酸、硫酸、硝酸、硼酸等)先用大量流水冲洗,然后用淡肥皂水或 5% 小苏打水冲洗,再用清水冲洗。

(5) 碱类烧伤(钾、钠、镁的氢氧化合物、碳酸钠、氰化物等)其腐蚀力、穿透力、弥散力很强,创面可加深加大,烧伤后应立即以大量流水冲洗 20~30 min,再用 1%枸酸中和,最后用清水冲洗,或用 5%硼酸中和后清水冲洗。

(6) 化学性眼烧伤可引起眼组织不同程度损伤,化学物品的渗透性大、浓度高、水溶性大、接触时间长,可致严重的眼烧伤。急救处理必须争取时间,分开眼睑用清水冲洗,从眼内角开始,不直接冲洗角膜,有石灰微粒、灰尘时,最好翻开上下眼睑,用生理盐水棉签棒除去内部异物。也可张开眼睛,淹没于面盆水内,头部左右摇动以代替冲洗。及时用清水冲洗是最明智的急救,能使眼的损伤减低到最小程度,不冲洗即使急送医院也会导致严重后果。

(7) 有呛咳、咽部烧灼感、气促等症状按呼吸道烧伤来处理。

(8) 化学物质全身性中毒或剧毒引起的心跳呼吸停止者,按心肺复苏进行抢救。

(9) 转送时伤处用湿布覆盖,应记取化学物的名称以便对症处理。

4.11.5 放射性烧伤

急性放射性皮肤烧伤的定义:身体局部受到一次或短时间内(数日)多次大剂量(X、γ 及 β 射线等)外照射所引起的急性放射性皮炎及放射性皮肤溃疡。

急性放射性烧伤后的皮肤表现为:红斑,脱毛,水疱,灼痛,搔痒和肿胀。

现场急救措施如下:

(1) 撤离沾染区;

(2) 脱离放射源;

(3) 除沾染(局部或全身);

(4) 保护损伤区皮肤。

在现场采用自来水和清洗剂洗消的方法进行简单处理,一般而言如果处理及时,放射性物质在皮肤上停留时间短,对人体造成的损伤就小。

4.11.6 处理危及生命的复合伤

无论何种原因使烧伤合并其他损伤,如:车祸、爆炸伤,同时合并有骨折、脑外伤、血气胸或腹部脏器损伤等,应在救治烧伤的同时,注意全面检查是否存在合并伤,并做相应的紧急处理。

(1) 窒息应现场行气管切开,无条件时行环甲膜粗针头穿刺,暂时缓解呼吸道梗阻。

(2) 开放性气胸进行填塞包扎。

(3) 肢体大出血应用止血带。

(4) 骨折应简易固定。

4.12 窒　息

4.12.1 有限空间急性中毒窒息

窒息通常是空气中的氧含量下降，造成人体氧摄入量不足，由于人体不能摄入足够的氧气，导致机体缺氧而引起的全身性损害。正常大气中氧的浓度为21%左右，当其他气体（如氢气、氨气、二氧化碳）含量增多时氧浓度就会下降，当氧含量小于16%时就有窒息风险。

造成空气中氧含量下降的原因，多数是其他气体成分增加，如氮气、二氧化碳气体等，电厂有许多坑道、封闭的厂房，由于长期不通风，氧含量逐渐下降，窒息常发生在这些区域，另外，电厂中一些需要用氮气或二氧化碳的作业也有窒息危险。

4.12.2 现场判断

窒息多发生在通风不良的地方，判断窒息首先是要识别作业环境是否有氧含量下降，氧表报警。窒息人员早期有呼吸、心跳加快、胸闷是窒息的早期表现，随后伤员可能出现躁动、惊厥、昏迷，最后因缺氧而死亡。

4.12.3 现场急救

发现窒息的现场急救原则是迅速使伤员脱离缺氧环境，必要时为伤员给氧，同时进行心肺复苏。抢救窒息伤员要注意以下几点。

（1）抢救和转移伤员时抢救者要注意保证自身的安全，如加强通风、佩戴呼吸器、使用压缩空气、必要时救护员可系上安全带并将安全带尾留在安全区由其他救护员固定。安全区的救护员要防止连锁性窒息事故的发生，严禁救护员在没有任何防护措施的情况下，进入缺氧区救人。

（2）对呼吸心跳微弱或停止的伤员应在有良好的通风条件下就地心肺复苏。

（3）在有效的人工呼吸及人工循环支持下转送到医院，转送途中应给氧和头部降温。

4.13 眼外伤

4.13.1 眼部挫伤

眼部的结构见图4-13-1、图4-13-2，当眼部受到重物打击，会使眼球、眼眶及周围组织损伤。轻度挫伤，可使眼睑皮下、结膜下淤血。严重的挫伤，可引起眶骨骨折、眼内出血、晶状体和视网膜损伤，甚至眼球破裂。

一旦发生眼部挫伤，可按如下方法处理。

（1）结膜淤血、眼睑肿胀者，应进行冷敷。

（2）如果眼内有血或眼挫伤，或是怀疑眶骨、颅骨骨折，应立即送医院处理。

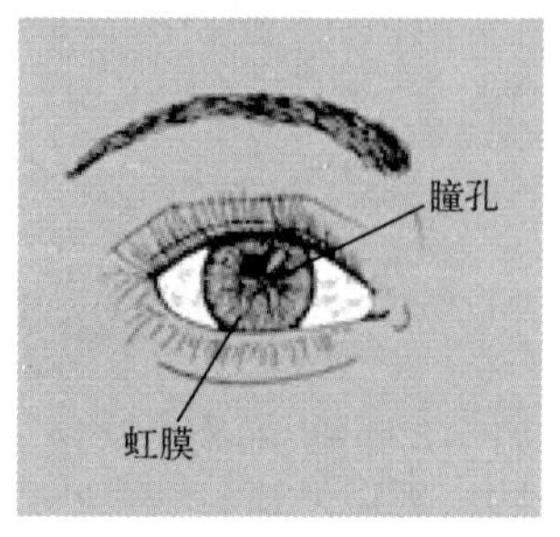

图 4-13-1 眼结构

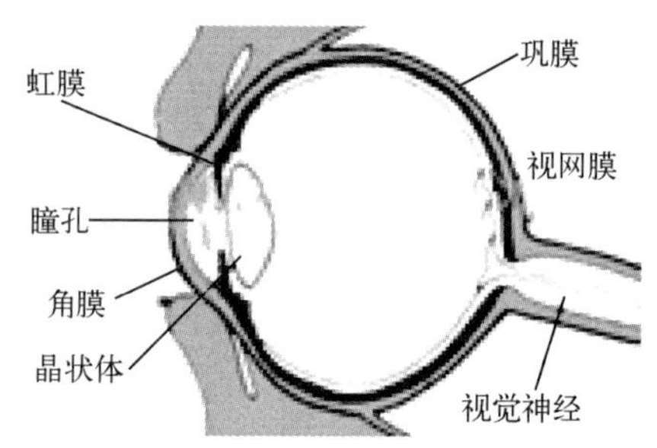

图 4-13-2 眼球结构

4.13.2 机械性眼外伤

利器、爆炸物碎片(如放鞭炮)等直接刺飞入眼内,会造成眼球穿通伤,甚至使虹膜、睫状体、玻璃体等眼内组织脱出。

发生眼球穿通伤后可按如下方法处理。

(1) 伤员必须绝对安静平卧,不能躁动啼哭,也不要惊慌失措,否则眼内容物会流出更多,影响日后视力的恢复。

(2) 不能对眼球进行擦拭或清洗,更不可压迫眼球,以防更多的眼内容物被挤出来,而应立即用消毒纱布或干净的手帕、毛巾松松地包扎好伤眼。注意,包扎时一定要进行双眼包扎,不能只包伤眼。因为只有这样才可以减少因健眼的活动而带动伤眼的转动,避免伤眼因摩擦和挤压而加重伤口出血和眼内容物继续流出等不良后果。另外,在包扎时不要滴用眼药水或挤涂眼药膏,以免给医生修复时带来困难。

经过上述初步处理后,应尽快将伤员送医院处理。在运送途中要尽量减少震动,以免眼内容物流出。

4.13.3 异物入眼

日常生活中,经常会发生异物入眼,从而引起不同程度的眼内异物感、疼痛及反射性流泪,严重的还会造成角膜损伤。

异物入眼后的处理方法为:

(1) 切勿用手揉擦眼睛,以免异物擦伤眼球,甚至使异物陷入组织内。正确的方法应当是,先冷静地闭眼休息片刻,等到眼泪大量分泌,不断夺眶而出时,再慢慢睁开眼睛眨几下,多数情况下,大量的泪水可将异物自动地冲洗出来。

(2) 如果泪水不能把异物冲出,可把眼轻轻闭上,准备好干净的水(冷开水或生理盐水)装在脸盆里,将头、眼浸入水内,在水中眨几下眼,这样也会把眼内的异物冲出。也可请旁人或自己翻开眼皮,用棉签或干净的手帕蘸点干净的水轻轻地将异物擦掉。

(3) 如果异物嵌在眼组织内,则应尽快到医院请眼科医生取出,切勿用针挑或用其他不洁物挑剔,以免损伤眼组织,导致眼化脓感染。

(4) 异物取出后,可适当滴入一些消炎眼药水或挤入眼药膏,以防感染。

如果异物在上眼睑下面,让伤病者抓住眼睫毛,把上眼睑拉到下眼睑上,在流泪的情况下眨眼睛也可能会使异物随泪水流出来。

如果异物粘在眼睛中，用眼罩把伤眼盖住，然后把伤病者送到医院。

4.13.4　化学性眼外伤

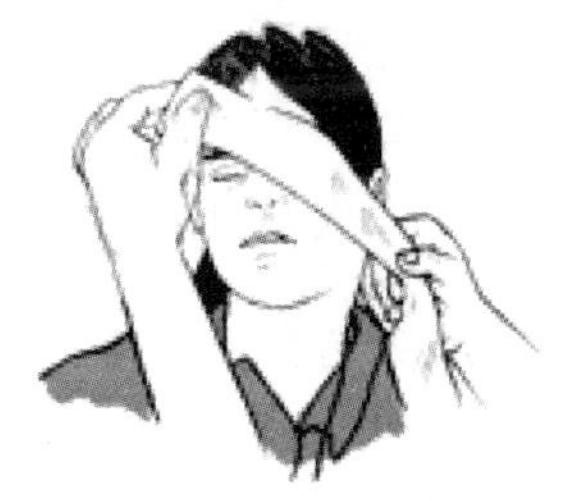

图 4-13-3　冲洗伤眼

眼部化学伤有酸性烧伤和碱性烧伤。致伤的酸性物质有硫酸、盐酸、硝酸、三氯醋酸等。碱性物质有氢氧化钠、氢氧化钾、生石灰、氨水等。这些物质的液体、粉尘、或气体接触或进入眼部，均可引起眼部组织损伤。酸性物质对组织蛋白有凝固作用，接触眼部后，立即引起组织蛋白凝固坏死，形成膜状凝固层，能阻止酸性物质向深部组织渗透，组织损伤相对比较局限。碱性物质能溶解组织蛋白和类脂质，因而易向周围及深部组织渗透扩散，损伤常较严重，病程较长。

现场急救：一旦有酸碱化学物质不慎溅入眼，都应立即用大量的清水冲洗。冲洗液可以是自来水、河水、井水。紧急情况下，就地取材，利用相对澄清的淡水进行冲洗，以减少酸碱化学物的损伤。

冲洗要求：开大眼睑，用水直接冲洗眼睛，反复冲洗至少 15 min。冲洗时，病人可以是坐位或卧位，头部应略偏于受伤的眼睛。冲洗后，仔细检查眼睑内是否还残留化学物质，如果有固体化学颗粒如石灰渣，要用棉签或夹子去取，不可用手去拿，冲洗后立即送医院进一步治疗(见图 4-13-3)。

注意：(1) 不要用中和液冲洗眼睛，以免中和反应产生气体引起角膜穿孔，导致失明。

(2) 不要让污水溅到你或伤病者身上。如果可能，最好戴上防护手套。

(3) 不要让伤病者碰受伤的眼睛或硬性摘下隐形眼镜。

复习思考题

(1) 现场外伤处理原则是什么？

(2) 出血、皮肤及皮下组织损伤如何进行现场急救？

(3) 创伤性休克如何判断和现场急救？

(4) 电损伤、中暑如何急救？

(5) 发生触电事故者，如何进行现场急救？

(6) 烧伤的现场急救原则是什么？

(7) 眼睛被酸、碱性溶液溅入后，为什么不能用中和剂冲洗？

(8) 手足被烫(烧)伤后，首先采取的急救方法是什么？

(9) 窒息的现场急救原则是什么？

(10) 中暑发生的机理是什么？

(11) 对高热患者进行物理降温，用凉湿毛巾冷敷的部位有哪些？

(12) 皮肤化学性烧伤的急救要点是什么？

第五章　常见灾害的现场急救（二级）

5.1　火　灾

5.1.1　火灾时的逃生方法

火灾的自救方法是运用火灾逃生技术迅速离开火灾现场。火灾逃生要求人员熟悉作业环境，记住出口和通道，遇到火情要沉着，不要深入火场，应迅速撤离。伤员在火灾现场死亡的原因主要是窒息和中毒，在短短数分钟内，伤员就可昏迷。

（1）撤离起火建筑

1）火势蔓延迅速，应立即通知相关人员。

2）按响你见到的第一个火警警报器，可以用鞋跟敲碎警报器玻璃。

3）关上你所经过的每一道门。

4）不要盲目跳楼，可利用应急通道、水管、身边的绳索等逃生自救，不要过分恐慌，不要乱跑，要迅速、沉着地离开。

5）为防止呼吸道烧伤，撤离时不要大声呼叫，可用毛巾或多层布块捂住口鼻，也可用水浇身，沿墙边弯腰或匍匐前进，贴近地面逃离是避免烟气吸入的最佳方法。

6）立即拔打电话，请求救援。

7）在任何情况下都不要使用电梯。

（2）当室内浓烟密布时

室内起火会造成缺氧并充满一氧化碳和有毒的浓烟，不要进入已经起火及正在燃烧的房间，也不要打开通向起火房间的门。如果被困在正在燃烧的室内，最好进入有窗户的房间，关上门，用湿布或湿衣服堵住门缝，身体尽量靠近地面，等待救援人员的到来。

1）当身上的衣物着火后，首先要扑灭衣服上的火焰，可就地卧倒，慢慢滚动，或利用周围的物品压灭火焰，切忌奔跑或用双手扑打火焰。

2）急救身上衣物着火的伤者时，让其停止、躺下、滚动。

3）安慰惊慌失措的伤病者，并制止其跑动或冲出室外，因为跑动或微风都会助长火势的蔓延。

4）如果可能，用厚重织物（如：外套、毯子、窗帘、地毯等）裹住伤病者。

5）在地面上滚动伤病者，直至其身上的火焰被扑灭。

6）不要用易燃物品灭火。

7）如果有水或其他非燃性液体，让伤病者躺在地上，用大量液体浇灭火焰。

5.1.2 火灾的现场急救

急救原则:对症处理为主,保护生命为主,以免延误紧急救治时机。

急救方法:

(1) 除去热源后,应用冷水给伤员冲身或将他泡在水中,迅速降温。当被炽热金属烧伤时,若热金属附着伤面,不可向伤员身上泼水,以免将其皮肉撕裂掉。

(2) 煤气中毒病人引起的烧伤,以中毒抢救为主,同时对烧伤进行救治。

(3) 呼吸道烧伤时,应先去掉口、鼻内吸入的污物,再冲刷干净口、鼻,然后,可灌、涂鸡蛋清液,以保护其呼吸道黏膜。

(4) 凡有休克或昏迷者,除注意其保暖外,还应给予温热糖盐饮料或咖啡、浓茶,以促其苏醒。

(5) 重度烧(烫)伤员及有昏迷、呼吸道烧伤者,应尽早安全送往医院救治。护送途中,使伤员取仰卧或侧卧(呼吸道烧伤者)位,以便于伤员排出其口鼻内污物和便于时刻观察伤者呼吸、脉搏等生命指征。

5.2 触 电

5.2.1 高压电触电

接触高压电流通常会导致立即死亡。高压电会引起严重烧伤,而触电会使肌肉突然出现痉挛,伤病者可能会被抛出一段距离,导致骨折一类的损伤。在没有正式接到切断电源通知前,不要走近伤病者,让围观者与现场保持 18 m 以上的距离。

发现高压触电者时采取的急救措施如下。

(1) 立即拨打急救电话,请求救援。

(2) 在现场安全时,检查伤病者的 ABC 三步骤情况,即畅通气道、检查呼吸和脉搏情况。如果必要,对其实施人工呼吸、心肺复苏术 CPR(参见心肺复苏术),要将伤病者置于复原卧位姿势。

(3) 护理烧伤部位(如果有)。

(4) 采取措施,减少休克的影响(如果有)。

5.2.2 低压电触电

低压电也可能造成重伤甚至死亡。很多伤亡由电器开关、电线的损坏所导致,有时也由于电器的故障造成。应该注意,水是电的良好导体,以湿手操作或站立在潮湿的地上,都会大大增加触电的危险。如果伤病者仍未脱离电源,不要与其接触,不要用金属物推开电源。如果方便,要立即在电闸或电表处切断电流,如果难以做到,要立即拔掉插头或扯断电线。

如果无法接近电线、插座或电闸,要按以下步骤去做。

(1) 站在干燥的绝缘物体上(如木箱、木凳、橡胶或塑料垫子、电话簿、厚书或一叠报纸等),用扫帚、木椅或木凳把伤病者推离电源或把电源推离伤病者(见图 5-2-1)。

(2) 在不接触伤病者的原则下，用绳索缠住或套住伤病者的脚或手臂，将其拖离电源。

(3) 如果非常必要，也可以拉住伤病者宽松、干燥的衣服使其脱离电源。不过，除非万不得已，不要采用这种办法。

图 5-2-1 脱离电源

如果伤病者失去知觉，检查伤病者的 ABC 三步骤的情况，即畅通气道、检查呼吸和脉搏情况。如果必要，对其实施人工呼吸、心肺复苏术 CPR(参见心肺复苏术)，要将伤病者置于复原卧位姿势(参见复原卧位)，用冷水为伤病者的烧伤部位降温(参见烧伤)。

5.3 地 震

我国处于濒太平洋地震与欧亚地震交会地带，地质结构相当活跃，约有 1/3 的国土受到袭击。强烈地震，时间短、地区广、破坏性大，可造成人群各种严重的综合伤害。在 6 h 内因创伤死亡人数可在 50%，其中有 10%～15%的人可以救活，而其他多数在 1 h 内因大失血、气道梗塞(1～2 min)、缺氧所致昏迷而死。

5.3.1 地震时的求生方法

地震时，从地震发生到房屋倒塌，一般有 12 s 的时间，此时要保持冷静，在 12 s 内要因地、因时地做出瞬间避险抉择。

(1) 能撤离时，迅速有序地疏散到选定的安全地区。

不要拥挤在楼梯、过道上，更不要盲目破窗跳楼。

(2) 来不及撤离，应就近避震，震后再迅速撤离到安全地方。

撤到室外或正在室外的人员，要选择空旷地带避难。

不要在高楼、烟囱、高压电线、狭窄巷道、桥梁、高架路下等处停留，尽量远离加油站、煤气储气罐等有毒、有害、易燃、易爆的场所。

(3) 避震时，要注意保护头部。

5.3.2 震后自救和互救

据统计，地震后半小时内救出的被压人员存活率可达 95%，第 1 天救活率为 81%，第 2 天救活率为 53%，第 3 天救活率为 36.7%，由此可见，及时组织自救、互救是减少伤亡的有效手段。

(1) 被埋压人员的自我求生法——自救

1) 被埋压的人员要有信心和勇气，尽快清理压在身上的物体，脱离危险区。一时不能脱险的，要设法扩大安全空间，防止重物坠落压身。

2) 设法保持呼吸道畅通，防止灰尘造成窒息，可用毛巾、衣服等捂住口鼻。

3) 要保持体力，不要急躁，不要高声呼叫，可用敲击等方法与外界联系。

4) 积极寻找代用食品和水，创造生存条件，以延长生命。

(2) 家庭邻里之间的救助——互救

1) 听仔细:注意倾听被困人员的呼喊、呻吟、敲物声。

2) 挖得准:抢救时,要大致确定被困人员的位置,不要盲目乱挖乱扒,以防止意外伤亡。

3) 救得法:救援必须讲究方法。要先易后难,先救强壮人员、医务人员,以增加帮手壮大抢救力量。首先使头部暴露,迅速清除口鼻内尘土,防止窒息。再暴露胸腹部以及其他部位,施行包扎或急救,及时转移到安全地方。不要强拉硬拖,防止新的伤亡。尽量用小型轻便工具,避免重物利器伤人。

(3) 对已获救者的急救

1) 重伤者如呼吸、心跳停止,大出血,头部,内脏受伤应优先抢救。

2) 有大批受伤者,必须向急救站、医院、领导机关,通过电话、电报、传真等方式迅速报告。

3) 送医院急救,应采用汽车、火车、飞机,尽快将伤员送到。在途中应有专人照料,详细观察病情,尽快地急救伤员,减少痛苦和死亡。

(4) 地震发生后被压埋人员的寻找

1) 问,向了解情况的生存者询问,了解什么人住在哪些建筑内,震时是否外出,有什么生活习惯等,从中寻找可靠的线索。

2) 看,观察废墟叠压的情况,特别是注意有人的部位是否有生存空间,也要观察废墟中有没有人爬动的痕迹或血迹。

3) 听,倾听存活人员的动静。听的方法是:要卧地贴耳细听、利用夜间安静时听、一边敲打(或吹哨)一边听,有时你敲他也敲,内外就联系上了。

4) 分析,分析倒塌建筑原来的结构、用处、材料、层次、倒塌状况,判断被压埋人员的生存情况。

(5) 地震中埋压人员的挖掘

1) 没有起吊工具无法救出时,可以送流汁食物维持生命,并做好记号,等待援助,切不可蛮干。

2) 救人时,应先确定压埋者头部的位置,用最快速度使头部充分暴露,并清除口、鼻腔内的灰土,保持呼吸通畅。然后再暴露胸腹腔,如有窒息,应立即进行人工呼吸。

3) 要妥善加强压埋者上方的支撑,防止营救过程中上方重物新的塌落。

4) 压埋者不能自行出来时,要仔细询问和观察,确定伤情,不要生拉硬扯,以防造成新的损伤。

5) 对于脊椎损伤者,挖掘时要避免加重损伤。在转送搬运时,不能扶着走,不能用软担架,更不能用一人抱胸、一人抬腿的方式,最好是三四个人扶托伤员的头、背、臀、腿,平放在硬担架或门板上,用布带固定后搬运。

6) 遇到四肢骨折、关节损伤的压埋者,应就地取材,用木棍、树枝、硬纸板等实施夹板固定。固定时应显露伤肢末端以便观察血液循环情况。

7) 搬运呼吸困难的伤员时,应采用俯卧位,并将头部转向一侧,以免引起窒息。

复习思考题

(1) 火灾发生时如何撤离起火的建筑物?
(2) 如何急救身上衣物着火的伤者?
(3) 如何急救高压电触电的伤者?
(4) 如何急救低压电触电的伤者?
(5) 发生地震时的求生方法有哪些?
(6) 地震中被埋压人员如何自救?
(7) 地震发生后如何寻找被压埋的人?
(8) 如何科学挖掘被埋压人员?

第六章 放射性人体体表污染去污

核电厂存在着放射性污染的危险，但由于对辐射防护的高度重视，规定人员受照剂量远远低于国际原子能机构所核定的标准，因此，人员受照剂量受到较严格地控制。不过也可能有少数员工在工作中不遵守辐射安全防护规定，违章操作造成自己及他人的损伤，因此要严格按照操作规程工作，保护自身及他人的安全。

6.1 污染原因、分类及其危害

6.1.1 污染原因

放射性作业都有皮肤放射性污染的风险，如工作中不戴手套，或当手套有放射性沾污时，无意触摸面部就会造成颜面部的污染。

核电厂的污染事件主要集中在大修期间，尤其是低低水位时。放射性皮肤污染有引起皮肤损伤、造成内污染和污染扩散的危险，其皮肤损伤取决于污染的量和作用的时间，还与污染的皮肤面积、肌体状况、有无皮肤病等有关。污染早期，放射性核素和皮肤结合疏松，容易去污。随着污染时间的延长，特别经衣服、工具等反复摩擦，明显增加放射性核素和皮肤结合的紧密程度。因此，要尽可能做到早发现，早去污。一般情况下，普通洗手液为首选去污剂，最好不用络合剂和对皮肤有刺激有损伤的化学物质。经早期去污洗涤后，仍不能达到本底水平，则需在职业医疗人员监督下，选用高锰酸钾强氧化剂使皮肤角质层细胞脱落，以达到去污效果。

6.1.2 污染的分类

核电厂的污染按照污染的部位和面积分为以下几种。

(1) 局部污染：单纯的上肢或下肢或躯干的放射性污染，最常见的是手部污染。

(2) 全身污染：指肢体以及躯干的放射性污染。

(3) 头面部污染：包括头发、耳、眼、鼻、口腔的放射性污染。

(4) 伤口污染：伤口内带有放射性物质。

6.1.3 污染的危害

虽然体表污染没有内污染造成的后果严重，但是如果不注意，也可能造成污染的转移和扩散，由一处的污染变成多部位的甚至全身的污染，由一人的污染造成多人的污染，有可能使一个单纯的外污染经口鼻进入体内造成合并内污染。如果皮肤有破损，沾染放射性物质，放射性核素很容易从伤口吸收，所以较重的皮肤损伤在没有愈合之前不能接触放射性物质。

小的伤口必须包扎，戴乳胶手套或采取其他措施，隔离良好后才可进控制区工作。否则暂不能进控制区。如果是在控制区内工作中皮肤受伤，一定要尽快到现场医务室处理，反复大剂量的皮肤污染可引起皮肤放射性损伤。

皮肤放射性损伤主要是因短时间内超剂量的皮肤污染，又没有及时去污造成的。其面积计算方法、烧伤深度、创面表现和热力烧伤相似。皮肤放射性损伤后可出现红斑、水疱、坏死、溃疡，有时伴有发热等全身症状，高度怀疑皮肤放射性损伤，需到专科医院进行治疗。

6.2 污染的报告与处理以及去污的基本原则

6.2.1 污染的报告与处理

放射性污染的报告和处理如下。

(1) 放射性工作人员的体表污染，可能是自己发现、被别人发现或者在工作结束后被检测出，当发现有体表污染时立即通知辐射防护值班人员。

(2) 辐射防护值班人员接到报告后应向电厂值长汇报，并进行初步测量，记录污染部位及污染程度，并决定下一步处理意见。

(3) 对局部污染，辐射防护人员应指导并监督被污染人员在现场去污间去污。

(4) 对全身污染、头面部污染、伤口污染或现场去污不净的，辐射防护人员应马上通知职业卫生科值班人员，由职业卫生科医护人员进行专业去污。

6.2.2 体表去污的基本原则

(1) 基本过程：测量、记录、去污、再测量、记录。

(2) 基本顺序：从上到下、先低后高、防止扩散、避免损伤。

(3) 从上到下：先去污上肢、躯干，再去污下肢，头面部去污作为特殊情况来处理。

(4) 先低后高：同一部位污染，先去污程度低的部位，后去污程度高的部位。

(5) 防止扩散：在去污过程中应把污染控制在最小范围内，不能因为去污导致污染面积的扩散或放射性物质进入体内。

(6) 防止皮肤损伤：在去污过程中应用温水，不能过热或过冷，采用正确的去污方法，防止皮肤红肿、破溃或损伤。

6.3 体表去污的基本方法和化学方法

6.3.1 体表去污的基本方法

体表去污主要采用多种机械去污的方法。

(1) 擦拭：用面纸巾、干或湿纱布、棉球、棉签、软布等进行局部的擦拭。此方法主要用于小面积高浓度的初次去污，以及体表孔洞内的去污。

(2) 擦洗：用温清水打湿污染的局部，涂上肥皂、香波等，用纱布、棉球、海绵等擦洗，产生泡沫，用温清水冲洗干净，最后用手巾擦干。主要用于局部污染的去污。

（3）刷洗：用软毛刷沾以肥皂液或香波等进行污染的局部刷洗，后用温清水冲洗，毛巾擦干。主要用于不易清洗的局部污染或皮肤皱褶处、甲沟等部位的去污，特别是手的去污。注意：刷洗动作用力适中，避免损伤到皮下。

（4）冲洗：用大量流动的清水冲洗污染局部。一般与其他去污方法一起使用或对眼、口腔、伤口的去污。一般冲洗时用温水进行，避免过热或过冷的水冲洗伤口。冲洗伤口要用无菌生理盐水。

（5）黏附：用有黏性而不损伤皮肤的物质，如胶布、面团等，对局部的污染点进行黏附。一般用于小面积的局部污染的去污。

6.3.2 化学去污

化学去污的方法只能由医护人员来完成，禁止其他人员使用化学去污的方法。化学去污一般使用在去污不净、局部皮肤角质较厚、污染面积较小的部位。

具体方法是：

（1）用3%～5%的柠檬酸溶液轻轻擦洗沾污局部3～5 min，然后用温清水冲洗擦干。

（2）用4%～5%高锰酸钾溶液纱布沾到污染的局部并进行擦拭，擦干后，用4%～5%重亚硫酸钠溶液擦洗，然后用温清水冲洗擦干净。注意：此方法不要用于面部及较薄的皮肤，且只能使用两次。

6.4 不同部位去污的方法和去污不净的处理原则

6.4.1 不同部位去污的方法

（1）局部污染的去污

应遵守去污的基本原则，可在现场去污间由辐射防护人员指导自行去污，采用擦拭、擦洗、刷洗、冲洗的方法去污。对于手部应用软毛刷认真刷洗甲沟、指间、皮肤皱褶处，局部去污完成后可用日用护肤霜涂在皮肤上以保护皮肤。

（2）全身污染的去污

应在医护人员指导或协助下去污，被污染的人员在现场先对其双手去污，辐射防护剂量人员应对污染人员进行全面测量并作相应记录，首先把污染区域划分成若干小区，按局部污染的去污方法，对每一小区进行去污，测量达到标准后全身淋浴，再行全身计数检查。

（3）头面部污染的去污由职业卫生科医护人员进行专业去污。

（4）头发的去污

应剪去污染部位的头发，污染面积较大时可理去全部头发，然后用洗发香波洗头。注意：使污染的头发尽可能不碰到头皮。根据污染程度、范围可考虑全身淋浴和全身计数器检查。

（5）眼睛的去污

一般需要自己立即在现场用洗眼器冲洗，然后由职业卫生科专业处理，将灭菌生理盐水放置洗眼壶内，认真冲洗上下内眼睑结膜等部位，如眼部刺激较大时，可用0.5%普鲁卡因麻醉后，然后冲洗，如有污染颗粒应小心取出，去污完成后可用棉球擦干，置眼药水或眼膏。如果眼睑皮肤污染，应闭眼后按局部去污的方法处理，去污完成后作全身计数器检查。必要时可用1%地卡因作眼球表面麻醉和局部使用抗生素眼药水。

(6) 口腔的去污

口腔污染后一般先要在现场反复用干净清水冲洗，注意：不要把冲洗的污水吞入体内。可用生理盐水棉球擦拭口腔各部位，并用生理盐水反复冲洗多次，冲洗时污染人员屏住呼吸，防止呛咳或吞咽，然后认真刷牙。测量达标后，行全身计数检查。可辅助使用祛痰药；氯化铵 0.3 g/次，3 次/日。给予缓泄剂硫酸镁 10 g 或双醋酚酊 5～10 mg。

(7) 鼻部的去污

鼻梁的皮肤污染按局部污染去污方法处理，在去污时防止液体进入鼻腔及口腔；鼻腔污染后应用生理盐水棉签擦拭，用嘴大吸一口气，配合自身体内的高压气体，将污染物从鼻腔内喷出，测量擦拭棉签达到本底水平后，再做全身计数器检查。注意：擦拭去污的棉签不要立即处理，必要时作测量。可辅助使用1%麻黄素滴鼻，收缩鼻道血管减少吸收。

(8) 耳部的去污

外耳污染按局部污染处理。耳道的污染应用生理盐水棉签擦拭，反复多次。测量擦拭棉签达到本底水平后，作全身计数器检查。注意：擦拭去污的棉签不要立即处理，必要时作测量。

(9) 面部的去污

面部的皮肤去污按局部污染去污的方法进行，去污时应防止液体进入眼、鼻、耳、口腔，去污完成后应洗头，并作全身计数器测量。

(10) 伤口的去污(需职业医疗人员处理)

除遵守去污的基本原则外，还应遵守医学中外科操作的无菌原则。对于伤口外健康的皮肤，去污按局部污染进行去污；对伤口内的污染，应消毒皮肤后，用消毒孔巾隔离，并用大量灭菌生理盐水冲洗，用无菌生理盐水棉球擦洗，必要时可考虑行局部麻醉后进行去污。对于少量的出血不要求立即止血，去污后测量达到本底水平可行一期缝合。完成去污后作全身计数器检查。如果经多次去污仍未达到去污要求，应考虑用外科手术切除的方法去污。如果手术有一定危险或困难，或技术上达不到要求，应包扎伤口转到上级医疗机构进一步处理。

6.4.2 去污不净的处理原则

医护人员认为多次有效去污仍达不到去污标准水平者，称为去污不净的污染，对此不应作进一步的去污，应每天做局部皮肤放射性监测，全身计数检查，并同辐射防护科剂量工程师一起进行表面剂量估算。

复习思考题

（1）放射性人体表面污染发生后如何报告和处理？

（2）放射性人体表面污染去污的基本原则是什么？

（3）放射性人体表面污染去污的基本方法有哪些？

（4）放射性人体表面污染去污应注意哪些方面？

（5）不同部位污染需采用什么不同的去污方法？

（6）哪些污染需要职业医疗人员帮助去污？

第七章 放射损伤的早期药物防治(二级)

7.1 放射性疾病的分类

放射性疾病(radiation sickness)是指电离辐射所致损伤或疾病的总称。放射性疾病的分类如下。

(1) 电离辐射诱发的全身性疾病。

1) 外照射急性放射病。

2) 外照射亚急性放射病。

3) 外照射慢性放射病。

4) 内照射放射病。

(2) 电离辐射诱发的器官和组织损伤。

1) 放射性皮肤疾病。

2) 放射性白内障。

3) 其他局部放射性疾病:包括放射性黏膜炎(口腔、食管、喉)、肺炎、肠炎、膀胱炎、肾炎、脑脊髓病、甲状腺疾病、骨损伤、其他器官放射性损伤(肝炎、心脏病、外周神经损伤、唾液腺损伤、龋齿、中耳炎、软组织皮下水肿和纤维化等)。

4) 电离辐射诱发的胚胎效应。

(3) 电离辐射诱发的恶性肿瘤:白血病、甲状腺癌、肺癌、乳腺癌、骨肉瘤、皮肤癌、其他肿瘤。

(4) 放射性复合伤。

1) 放冲复合伤。

2) 放烧复合伤。

7.2 急性放射病的早期药物防治

急性放射病的现场急救不同于创伤的现场急救,现场急救的要点是明确是否受到大剂量照射和初步估算剂量大小,必要时才采取医学干预措施,所以受照人员要配合辐射防护人员和职业医疗人员做好调查和取样工作。受照人员应该注意有无头昏、乏力、食欲减退、恶心、呕吐、腹泻等症状的发生,一段时间(约为受照后一周)内,有无不明原因的皮肤红斑、眼结膜充血等表现,发现时应及时向职业医疗医生报告。大剂量受照后,受到的剂量越高,出现上述症状和表现出的时间就越短。

外照射急性放射病(acute radiation sickness from external exposure):人体一次或短时间(数日)内分次受到大剂量外照射引起的全身性疾病。

外照射急性放射病按照受照剂量和损伤程度的不同,分为三型:骨髓型、肠型、脑型急性放射病。骨髓型急性放射病又根据受照剂量和损伤程度的不同,分为四度:轻度、中度、重度和极重度骨髓型急性放射病。骨髓型急性放射病临床上经历初期、假愈期、极期、恢复期,其初期反应和受照剂量下限见表 7-2-1。

表 7-2-1 骨髓型急性放射病的初期反应和受照剂量下限

分度	初期表现	受照后 1~2 天淋巴细胞绝对数最低值×109/L	受照剂量下限/Gy
轻度	乏力,不适,食欲减退	1.2	1.0
中度	头昏,乏力,食欲减退,恶心,1~2 h 后呕吐,白细胞数短暂上升后下降。	0.9	2.0
重度	1 h 后多次呕吐,可有腹泻,腮腺肿大,白细胞数明显下降。	0.6	4.0
极重度	1 h 内多次呕吐和腹泻,休克,腮腺肿大,白细胞数急剧下降。	0.3	6.0

核电厂配备的常用急性放射病早期防治药物包括:

(1)"523"片:是一种口服、长效、副作用小的辐射防护剂,其作用是升高白细胞数,改善照射后的造血功能,减低白细胞下降幅度,用于急性放射病的预防和早期治疗。预防辐射损伤时,于受照射前两天至照前即刻口服一次。治疗辐射损伤时,于受照后 1 天内尽早口服一次,受照前预防和照后治疗可以结合使用。用药后少数病人可出现暂时性乳房胀痛、硬结及月经失调。

(2)"500"注射液:是一种长效辐射防护剂,其作用是减轻放射病的临床症状,升高白细胞数,减低白细胞下降程度,可用于急性放射病的预防和早期治疗。预防辐射损伤时,于受照前 7 天内肌肉注射一次。治疗辐射损伤时,于受照后 1 天内尽早使用;受照前预防和照后治疗相结合,或与其他防治放射病的药物配合使用,可提高疗效。

(3)"408"片:是一种口服、无明显副作用的中药辐射防护剂。其有转移自由基作用,从而减轻自由基对生物大分子的损伤,抑制包括造血细胞在内的生理更新率高的细胞分裂活动,降低细胞代谢,从而降低细胞的辐射敏感性,增强断裂染色体自发再接能力,促进部分受损细胞的恢复,使受照射的骨髓细胞加速成熟释放,提高外周血白细胞水平。可用于急性放射病的治疗,受照后当天开始口服,每隔 2~3 天用药一次,少数人有轻度胃肠道反应。

7.3 放射性核素内污染的阻吸收、促排和碘片预防

7.3.1 放射性核素内照射损伤发生概况及损伤特点

正常人体内就有某些宇生放射性核素(如^{14}C和^{3}H),因数量极少,对人体无害。由外界进入人体内的放射性核素超过自然存在的量时,称之为放射性核素内污染(internal contamination of radionuclides)。由进入体内过量的放射性核素作为辐射源对人体产生的照射,称内照射(internal exposure)。由内照射引起的全身性损伤,既有电离辐射作用所致

的全身性表现，也有放射性核素靶器官的损害，称内照射放射病（radiation sickness from internal exposure）。

核电厂人员遭受放射性核素内污染的主要原因是设施或操作者的意外事故、防护措施不完善、违章操作、放射性废物处理不当。放射性核素进入职业人员的途径主要是呼吸道和伤口，其次是消化道，有些核素能通过正常皮肤和黏膜进入人体内。核电厂由于核设施释放所形成并借重力作用而沉降的含有放射性核素的微尘，称为放射性落下灰（radioactive fallout），以放射性I最为突出，可造成人体甲状腺损害。

放射性核素内照射损伤病程分期不明显，放射性核素进入人体后，往往选择性地滞留或沉积在某些组织或器官，造成特定部位的损伤。亲骨性分布的核素（如Pu，Sr等），对骨髓造血功能和骨骼的损伤严重，常引起持续性的中性粒细胞减少，骨坏死和贫血症状突出，可引起关节病变和骨肿瘤等。亲肾性分布的核素（如U等），可引起严重的肾损伤，如中毒性肾炎、肾功能不全、肾硬化等。亲甲状腺的放射性碘，浓集于甲状腺内引起该腺体的严重损伤，放射性核素还可在进入和排除人体的途径造成局部损伤。

7.3.2 放射性核素内污染的医学处理

放射性核素内污染后能否影响人体健康，主要取决于内污染量。医学处理的目的，是尽可能减少核素的内污染量，以防止或减轻核素对机体的内照射损伤，预防可能的远期效应。

阻吸收措施是阻止或减少放射性核素由进入途径吸收入血液的措施。当放射性核素由胃肠道摄入时，可采用含漱、催吐、洗胃，摄入3～4 h后可服用缓泻剂或沉淀剂。摄入放射性锶时，服用褐藻酸钠，摄入放射性铯，可服用普鲁士蓝，预防性服用碘化钾，是为了减少放射性碘在甲状腺内的蓄积，也属于阻吸收措施。当吸入放射性核素时，需要进行鼻腔去污，可服用祛痰剂，吸入难溶性核素时，可酌情服用缓泻剂。当极毒的放射性核素（如^{239}Pu）在肺内沉积时，洗肺法有一定效果。另外，去污法可以阻止或减少皮肤和伤口的吸收。

促排治疗是加速或促进放射性核素从人体内排出体外的措施。常用的络合剂，如促排灵等，能与金属离子络合后形成稳定的螯合物（chelate），促进放射性核素从尿、粪排出；利用抗甲状腺药物可以加速放射性碘的排除；采用促进骨质代谢的办法促进亲骨性核素的代谢和排出；当铀内污染时，立即使用碳酸氢钠，可以保护肾脏；当氚大量摄入时，可以通过大量饮水或给予利尿剂，以加速体内氚的排出。

7.3.3 碘片服用常识

在严重核事故的早期阶段，核电厂周围的空气中可能受到放射性污染时，空气中含有的放射性碘能被人体甲状腺组织吸收引起损伤。碘化钾片剂或胶囊是一种稳定性碘制剂，碘化钾剂能有效地阻止或减少放射性碘的吸收。

一般在可能受到放射性碘内污染的前一天至污染后4 h内服用都能起到有效的预防作用，在受污染的同时服用碘化钾防御效果最佳。当核事故发生时，根据可能污染的范围和程度，电厂应急指挥部会发出指令，各应急集合点集合清点人员，需要服用时才通知发放碘片（或胶囊）。

碘化钾片剂或胶囊每粒130 mg，含有效碘100 mg，成人一次服用一粒，儿童一次服用含碘10～50 mg为宜。对撤离的人员，服用一次可有效预防12 h，因此口服一粒即可。对于反复进入污染区执行任务者，需每日服 200 mg、分两次服或一次服用均可，不超过两周。

碘化钾毒性小，但长期及大量服用，可出现呕吐、上腹痛等症状，可使心脏病、肾脏病及肺结核加重。儿童及婴儿比成人敏感，应严格控制。

碘化钾必须在接到电厂应急指挥部指示时，统一按规定正确服用。不能随意滥用，不能长期大量服用。谨防儿童误用。保存应避光阴凉，不能冰冻，避免潮解。因此要指定专人严格管理。

复习思考题

(1) 核电厂常备的急性放射病早期防治药物有哪些？起何作用？

(2) 举例说明放射性核素内污染的预防措施。

(3) 举例说明放射性核素内污染的促排治疗。

(4) 简述碘片服用的时机、剂量、方法和注意事项。